ulmer

Antje Krause | Wilhelm Bauer

ALTE HÜHNERRASSEN HALTEN

RASSEVIELFALT FÖRDERN

Das gackert hier

Liebe Antje,

wieder einmal haben wir uns aufgemacht, ein gemeinsames Buchprojekt zu verwirklichen, und zwar über alte Hühnerrassen. Unsere Herangehensweise ist dabei verschieden. Du bist eher die Hühnerhalterin, die an vielen Rassen ihre Freude hat und eine bunte Schar aus Rassehühnern bevorzugt. Ich hingegen bin der klassische Züchter und versuche immer wieder, dich von dieser Herangehensweise zu überzeugen.

Hierzu eine kleine Geschichte: Auf meinem Schulweg kamen wir an einer ehemaligen Gärtnerei vorbei, wo Hamburger-Silberlack auf einer großen Wiese zu sehen waren. Der Besitzer stellte sie hin und wieder bei der örtlichen Kleintierschau aus und selektierte sie nach den festgelegten Rassemerkmalen. Nachdem er starb, hielten die Erben zwar weiterhin Hühner, aber es kamen weitere Hühnerrassen hinzu. Obwohl sie Küken nachgezogen haben, waren nach zwei bis drei Jahren nur noch Mischlinge vorhanden. Einige fand ich hübscher als andere, wobei Schönheit natürlich immer im Auge des Betrachters liegt. Die ursprünglich vorhandenen reinrassigen Hamburger mit ihren rassetypischen Eigenschaften, ihren Rassemerkmalen und nicht zuletzt ihrem Genpool aber waren verschwunden.

Daran sieht man, dass zum Erhalt der einzelnen Hühnerrassen immer die klassische Zucht vonnöten ist. Nur wenn das auf Dauer bestehen bleibt, bleiben auch die Rassen erhalten. Und nur so ist es möglich, dass „Nur-Hühnerhalter“ wie du Rassehühner halten können.

Unsere beiden Herangehensweisen haben ihre Berechtigung und trotzdem werde ich nicht müde, dich von der Rassehühnerzucht zu überzeugen. Schließlich können wir nur deshalb heute von alten Hühnerrassen berichten und sogar ein Buch darüber schreiben.

Dass uns das wieder gelungen ist, freut mich sehr und ich hoffe, dass das nicht unser letztes gemeinsames Buch ist. Dir also vielen lieben Dank für das gute Miteinander. Vielen Dank aber auch dem Verlag Eugen Ulmer und unserer Lektorin Antje Munk.

In diesen Dank möchte ich auch meine Familie, meine Frau Yvonne und unsere Töchter Anna und Klara, einschließen. Sie sind es, die durch meine Hühner-Begeisterung manche Besichtigungstour auf sich nehmen müssen.

Lieber Willi,

auch mir war es wieder eine Freude, mit dir an diesem Buch zu arbeiten – unser nunmehr drittes gemeinsames Werk. Und wie bei jedem unserer Bücher fand ich unsere Gespräche und teils hitzigen Diskussionen sowohl fachlich fundiert als auch ungeheuer unterhaltsam. Wie schön, dass Federvieh auch Freundschaften stiften kann.

Es freut mich, dass du mich zur Hühnerzucht ermutigen willst. Und ich muss sagen, du hast uneingeschränkt recht: Man kann Rassevielfalt nur erhalten, indem man die einzelnen Rassen streng behütet. Nur die Bewahrung der Reinrassigkeit erhält die Rassen. Du hast recht. Punkt.

Und jetzt kommt das Aber: mein butterweiches Hühnerherz. Zum einen fiele es mir schwer, mich für eine Rasse zu entscheiden – nun gut, das ist ein Luxusproblem, das sich lösen lässt. Für mich entscheidender ist die Frage: Wohin mit den zur Zucht ungeeigneten, „unperfekten" Hühnchen? Zum Züchten müsste ich eine größere Zahl an Küken erbrüten lassen, als ich halten kann, um daraus die Besten zur Weiterzucht auszulesen. Und die anderen? Was mache ich mit denen mit „falschen" Kämmen, Fehlfarben und anderen vermeintlichen Unzulänglichkeiten (die ich angesichts der Einzigartigkeit eigentlich immer erst recht sympathisch finde)? Dass solche Hennen anderswo ein Zuhause finden, liegt im Rahmen des Möglichen, garantiert ist es dennoch nicht. Eine Unterbringung für alle männlichen Küken sehe ich als fast unmöglich an. Also müsste ich schlachten – und das ist eine Schwelle, die ich im Moment (noch) nicht überspringen kann. Es ist verrückt: Ich bin zutiefst davon überzeugt, dass Nutztierrassen nur überleben können, wenn man sie nutzt (Überleben durch Schlachten – paradox, aber zutreffend). Aber ich kann es derzeit einfach nicht.

Und so versuche ich meinen klitzekleinen Beitrag zu leisten, indem ich Züchtern wie dir, die mit Herzblut und Sachverstand am Erhalt der Rassen arbeiten, die überzähligen Tiere abkaufe. Das ist ein kleiner finanzieller Beitrag zur Züchtungsarbeit und hoffentlich auch ein bisschen Wertschätzung, eine Message an die Züchtenden: Macht weiter so! Das, was ihr leistet, ist so wichtig!

Mehr kann ich im Moment nicht tun. Aber wer weiß, vielleicht bekommst du mich doch noch irgendwann dazu. Vielleicht während unserer Diskussionen zum nächsten gemeinsamen Buch? Aller guter Dinge sind drei – drei Hühnerbücher, so unsere gemeinsame Bilanz. Ich hoffe auf weitere schöne Buchprojekte, die wir zusammen auf die Hühnerbeine stellen.

Antje Krause

Warum ausgerechnet alte Rassen?

Bewahren heißt nutzen

Huhn ist gleich Huhn – könnte man denken. Ich such' mir aus, was mir am besten gefällt. Ist doch einfach, oder? Man kann aber noch etwas weiterdenken und sich zunächst unter den Rassen umschauen, deren Fortbestand mehr oder weniger auf der Kippe steht, und einen wertvollen Beitrag zur Biodiversität leisten.

Laut der Gesellschaft zur Erhaltung alter und gefährdeter Haustierrassen e. V. (GEH) stirbt alle zwei Wochen eine Nutztierrasse aus. Auch Hühnerrassen sind gefährdet. Das Schlimme ist, sie sterben nicht etwa aus, weil sie „nichts taugen", sondern weil sie gerade nicht in Mode sind, weil sie vielen möglicherweise unbekannt sind – und weil manche Hühnerhalter, gerade Anfänger, zu unkritisch sind, wenn sie sich Hühner holen. Und sind sie erst einmal ausgestorben, ist die Diversität der Hühner unwiederbringlich um eine Rasse ärmer und der Genpool kleiner. Mit der Entscheidung zur Haltung einer alten Hühnerrasse hat man einen kleinen Anteil daran, dass dies nicht passiert. Aber warum wäre das eigentlich so schlimm?

Alte Hühnerrassen erzählen Geschichten aus unwirtlichen Bergregionen und von ländlichen Traditionen. Sie sind mit Städten, Dörfern und Personen, deren Namen sie tragen, verbunden. Und sie haben vielen Generationen an Selbstversorgern und einfachen Bauersleuten Nahrung und ein paar Einnahmen beschert. Somit haben alte Hühnerrassen zunächst einmal einen kulturhistorischen Wert.

Noch viel wichtiger ist die große Aufgabe, die sie für alle Hühner – quasi auf der ganzen Welt – haben. Mit jedem Aussterben einer Rasse verkleinert sich der Genpool der Haushühner. Jetzt könnte man sagen „Macht nichts, züchtet man halt eine neue Rasse", aber der Kreis der Ausgangsrassen, die man zur Zucht heranziehen könnte, verkleinert sich stetig und der Genpool schrumpft. Irgendwann hat man nur noch Rassen, die sehr eng miteinander verwandt sind. Treten dann Mutationen mit negativen Auswirkungen oder Krankheiten auf, kann züchterisch kaum gegengesteuert werden, weil eben nicht mehr genug „frisches Blut" vorhanden ist. So ist jede alte Rasse, die erhalten bleibt, ein Gewinn und quasi eine Rückversicherung. Das ist so gravierend, dass in der Deutschen Genbank landwirtschaftlicher Nutztiere sogar vorsorglich Sperma von Hähnen verschiedener Rassen eingelagert wurde.

Nutztierrassen lassen sich im Grunde nur bewahren, wenn man sie hält. Man kann sie nicht ins Museum stellen, man muss sie gemäß ihrer Bestimmung „nutzen". Nur so dreht sich das Rad für sie weiter. Im Falle der Hühner ist das noch nicht einmal eine barmherzige Geste. Alte Hühnerrassen sind weder old fashioned noch

Eine bildhübsche gelbe Orpington-Henne.

irgendwie zurückgeblieben. Im Gegenteil: Sie liefern damals wie heute ihre Leistung ab und brauchen den Vergleich mit neueren Rassezüchtungen nicht scheuen.

Tiere mit „alten Genen"

Hühner leben bereits seit etwa 4000 Jahren in menschlicher Obhut. Und wenn man den Begriff weit auslegt, wurde das Huhn schon seit Jahrtausenden „gezüchtet" oder besser gesagt selektiert. Das war anfangs natürlich noch nicht sehr zielgerichtet, sondern eher nach dem Motto „die Besten durften leben und sich vermehren". Dennoch entwickelte diese Methode die Hühner genetisch in eine bestimmte Richtung. Nur welche Richtung erwünscht war, wechselte im Laufe der Zeit: Man nimmt an, dass es anfangs nämlich gar nicht die Eier und der saftige Braten waren, die die Menschen motivierte, Hühner zu halten. Es war wohl der Hahn. Er wurde als Beschützer, als Orakel- und Opfertier verehrt. Erst seit dem Mittelalter werden Hühner in ihrer heutigen Funktion gesehen: als Eier- und Fleischlieferanten. So waren zu Beginn vermutlich Imposanz, Vitalität und eine gute Stimme des Hahns die Auswahlkriterien zum Verpaaren, später gute Legeleistung und guter Fleischansatz, Wetterfestigkeit und Robustheit.

Und gerade diese Robustheit, Gesundheit und gute Futterwertung sind im Genmaterial der alten Rassen noch heute verankert. Schließlich stammen viele von ihnen von traditionsreichen Landschlägen ab, die schon seit Jahrhunderten auf den Bauernhöfen in teils klimatisch unwirtlichen Regionen mit karger Kost und wenig Aufmerksamkeit zurechtkamen. Ja, die Bauersleute haben ihre Hühner über Generationen ganz pragmatisch selektiert, indem sie die Schwächeren bald zu Hühnersuppe verarbeitet haben und die Eier der besten Legerinnen ausbrüten ließen. Viele der damaligen Hühnerhalter waren Kleinbauern oder Selbstversorger, sie waren in gewisser Weise auf eine hohe Leistung ihres Federviehs angewiesen. Kränkliche, mimosenhafte Kreaturen wurden schlicht nicht mit durchgefüttert. Das klingt herzlos, war damals aber notwendig zum Überleben der Familie, und letztlich profitieren wir heute noch von dieser Vorgehensweise.

Neben der handfesten Leistung gab es noch einen weiteren, wenn auch untergeordneten Grund, Hühner zur Weitervermehrung gelangen zu lassen, und zwar: Kuriosität. Kurze Beine, riesige oder gar schwarze Kämme, ein ungewöhnlich langes Krähen des Hahns ... sprich Tiere mit ungewöhnlichen Mutationen oder anderen Besonderheiten wurden, wahrscheinlich schlicht des Aussehens wegen, aus Neugierde und „zum Angeben", ebenfalls häufig weitervermehrt.

Wer hat die alten Rassen „gemacht"?

Nun ist es so, dass diese Bauernfamilien nicht die heutigen Hühnerrassen gezüchtet haben, auch nicht die alten Rassen. Sie haben mit ihrer Selektion und mit der Weitergabe von Tieren und Bruteiern an Nachbarn, Freunde und Familienmitglieder (die auch wiederum die Stärksten ausgelesen haben) quasi die Vorarbeit zur Zucht geleistet.

Mit diesen noch sehr uneinheitlichen Landhühnern arbeiteten später (vor allem im 19. Jahrhundert) wiederum andere züchterisch weiter. Sie erzüchteten und formten die Rassen in ihrer endgültigen Ausprägung, indem sie sich erstens ein Ziel setzten, was sie züchterisch erreichen wollen, und zweitens weitere Rassen gezielt einkreuzten. Zuchtziel konnte eine noch bessere Legeleistung sein oder ein schwereres Huhn bei gleichbleibender Gesundheit, vielleicht in Kombination mit einer bestimmten Gefiederfarbe. Dieser Vorgang war dann zielgerichtet.

Und irgendwann meinte man, die Rasse sei soweit „fertig" und das Zuchtziel erreicht, und man hat beim Bund Deutscher Rassegeflügelzüchter (BDRG) um Anerkennung der Rasse gebeten. In aller Regel hat sich dazu ein Sonderverein unter dem Dach des BDRG gebildet, der fortan diese Rasse züchterisch betreut und überwacht. Viele Sondervereine gründeten sich kurz nach der Jahrhundertwende zum 20. Jahrhundert – die Hochzeit der Rassegeflügelzucht. Viele von ihnen bestehen bis heute.

Im sogenannten Rassestandard hat man die Rasse dann in all ihren Ausprägungen genau beschrieben: im einheitlichen Aussehen, in den verschiedenen Gefiederfarben (Farbenschlägen) und auch in ihrer Leistungserwartung. Dieser Rassestandard ist die Richtschnur für alle Züchter der jeweiligen Rasse.

So hätte es auch immer weitergehen können ... Aber dann kam quasi der große Knall: Das Hybridhuhn erschien auf der Bildfläche – und alles war anders als zuvor. Plötzlich gab es ein Huhn, dass die besten Legerassen und die kräftigsten Fleischhuhnrassen in den Schatten stellte.

Alles auf den Kopf gestellt: Hybridhühner

In den 1960er-Jahren kamen diese in erster Linie für die Industrie entwickelten „Hochleistungshühner" auf. Es gab und gibt sie in zwei Linien: als Legehybriden und Masthybriden (Fleischhybriden). Man staunte über die zuvor noch nie gesehene Legeleistung oder die fantastische Menge Fleisch – und alle wollten diese Superhühner haben, vor allem natürlich die Eier- und Fleischindustrie (die zuvor Rassehühner hielt, überwiegend Amerikanische Leghorn und Italiener). Aber auch die Kleinbauern und Familien liebäugelten mit diesen Hühnern: Klar, mehr Eier bei gleichem Tierbestand, wer wollte das nicht?

Aber wo Licht ist, ist auch Schatten: Die Hybridtiere können ihre fast übermenschliche Leistung nicht lang durchhalten. Ja, im ersten Lebensjahr legt eine Henne vielleicht 300 Eier und mehr, im zweiten Jahr nimmt die Eierproduktion deutlich ab, danach versiegt sie deutlich. Bei den alten Rassehühnern ist zwar ebenfalls eine abfallende Kurve zu beobachten, aber nicht dermaßen rapide – zwei bis drei Jahre kann man schon mit vernünftigen Eierzahlen rechnen. Auch sterben Hybridhühner potenziell früher, weil die Höchstleistung ihren körperlichen Tribut fordert. Aber was noch nachdenklicher macht, ist ihre „Erschaffung". Hybridhühner

„Klassische" Hybridhennen – es gibt sie aber auch in anderen Farben.

sind zwar auch in gewisser Weise gezüchtet, sie sind aber keine Rassehühner! Sie werden nicht unter ihresgleichen weitervermehrt, sondern von wenigen Konzernen regelrecht „produziert“. Verschiedene Elternlinien werden nach einem „Geheimrezept“ der Konzerne gekreuzt, um die eine Super-Generation zu erschaffen und zu verkaufen. Die Elterngeneration und auch die potenziellen Nachkommen der Hybridhühner sind keine Überflieger-Tiere, nur diese eine Generation dazwischen bringt die Leistung. Und so muss der Halter immer wieder neue Tiere bei den Konzernen kaufen. Rassehühnerzüchter und Halter kleiner Hühnergruppen, die sich um das Tierwohl sowie den Fortbestand einer Rasse sorgen und Lobbyarbeit für bessere Haltungsbedingungen leisten, bekommen von diesem Kuchen nichts ab. Und die Rassehühner mit ihrem diversen Genpool werden immer mehr verdrängt. Für jeden Hühnerhalter in spe stellt sich also die erste Frage: Rassehuhn oder Hybridhuhn? Und falls die Antwort „Rassehuhn“ lautet, schließt sich die zweite Frage an: alte oder neue Rasse?

Wann ist eine Rasse alt?

Die Gesellschaft zur Erhaltung alter und gefährdeter Haustierrassen e. V. (GEH) zählt bisher solche Rassen zu den alten Rassen, die vor 1930 erzüchtet wurden, nach einer Novelle zählen sie Rassen dazu, die vor 1949 gezüchtet wurden (mehr dazu gleich auf der nächsten Seite).

Wir haben für unser Buch den Rahmen weiter gesteckt: Rassen, die vor dem Aufkommen des Hybridhuhns in den 1960er-Jahren erzüchtet, gehalten und für gut befunden wurden, gehören für uns zu den alten Rassen. Die Hybridhühner markieren für uns die Grenze, weil sie die alten Traditionen ins Wanken gebracht haben.

Unter diesen alten Rassen haben wir eine Auswahl für dieses Buch getroffen. Wir haben versucht, Rassen vorzustellen, die auch heutigen Anforderungen eines Hobbyhalters gerecht werden, die pflegeleicht und robust sind. Viele der vorgestellten Rassen sind Zweinutzungshühner, also Hühner, die in einem guten Mittelmaß sowohl Eier als auch Fleisch liefern – weil das früher weit verbreitet gebraucht wurde und weil es heute auch noch aktuell sein könnte, falls man mit dem Gedanken spielt, selber zu schlachten oder schlachten zu lassen, um den Fleischgenuss in eigene, verantwortungsvolle Hände zu legen.

Heißt alt gleich gefährdet?

Bei Hühnern (bei anderem Geflügel und Kaninchen übrigens auch) sind in der industriellen landwirtschaftlichen Nutzung heute fast ausschließlich Hybridlinien im Einsatz, sodass schon seit Längerem die Gefahr besteht, dass die ursprünglichen Hühnerrassen unter die Räder kommen. Daher sind alle alten Rassen potenziell gefährdet. Manche haben diesen Status schon, manche stehen unter Beobachtung und die Gefährdung „liegt in der Luft“, andere haben sich gut berappelt und stehen aufgrund von aktuellen Trends oder guter Öffentlichkeitsarbeit ihrer Sondervereine momentan gut da. Aber alles ist im Fluss.

Um sich zu orientieren, welche Hühnerrasse aktuell als wie stark gefährdet gilt, kann man die Roten Listen einsehen (Service Seite 124). Sie geben aber nur einen Anhaltspunkt und können aus Gründen, die wir uns gleich genauer anschauen, keine absoluten Zahlen zu den in Deutschland lebenden Tieren pro Rasse liefern.

Die Roten Listen

Sogenannte Rote Listen oder Gefährdungslisten werden nicht nur für Wildtiere und -pflanzen erstellt, sondern mittlerweile auch für Haus- und Nutztiere. Hat man dabei ursprünglich wohl eher an die „großen" Nutztiere wie Rinder, Schweine, Schafe, Ziegen und Pferde gedacht, hat man zwischenzeitlich auch die Kleintiere wie Geflügel und Kaninchen aufgenommen. Doch wer erstellt diese Listen?

Mit dem Aufkommen der Hybridlinien ging die Zucht und Haltung der meisten Rassen von staatlichen Züchtungsanstalten und der Industrie auf private Halter, die sogenannten Rassegeflügelzüchter über. Sie sind in der Regel in örtlichen Kleintier- oder Geflügelzuchtvereinen organisiert und dem Bund Deutscher Rassegeflügelzüchter (BDRG) angeschlossen. Dabei handelt es sich um den weltgrößten Kleintierzuchtverband, der bereits 1881 gegründet wurde. Im Lauf der Zeit hat sich der Schwerpunkt dieser Organisation etwas auf die Zucht nach äußeren Merkmalen verschoben. Der Leistungsgedanke hatte vor allem in der ehemaligen DDR noch einen größeren Stellenwert (seit ein paar Jahren wird aber auch am Wissenschaftlichen Geflügelhof des BDRG wieder eine Legeleistungskontrolle durchgeführt). Der BDRG befragt seine Mitglieder auf freiwilliger Basis zu ihrem Bestand an Rassetieren und erstellt auf dieser Basis eine Rote Liste gefährdeter Geflügelrassen, darunter auch Hühnerrassen. Der BDRG befasst sich darin nur mit in seinen Standards anerkannten Rassen und Farbenschlägen.

100 Jahre später, nämlich 1981 gründete sich die Gesellschaft zur Erhaltung alter und gefährdeter Haustierrassen (GEH). Sie betreut ebenfalls Hühnerzüchter und -halter, die sich aber weniger an Ausstellungen beteiligen wollen, sondern den Erhaltungsgedanken an oberster Stelle sehen. Für Mitglieder der GEH besteht unter bestimmten Voraussetzungen die Möglichkeit, sogenannte Arche-Höfe zu bilden. Gerade Geflügel hat auf vielen dieser Höfe eine Heimat gefunden. Auch die GEH führt eine Rote Liste der gefährdeten Geflügelarten, darunter selbstverständlich auch Hühnerrassen. Als Parameter für die Aufnahme in die Rote Liste der GEH wurde dabei zu Grunde gelegt, dass die Rassen oder Farbenschläge vor dem Jahr 1930 in Deutschland entstanden sind oder zumindest gezüchtet wurden und eine landwirtschaftliche Nutzung hatten. Die GEH berücksichtigt – im Gegensatz zur Roten Liste des BDRG – auch Hühnerrassen, die (noch) keinen eigenen Rassestandard haben bzw. (noch) nicht in Deutschland anerkannt sind, jedoch nur die ursprünglichen Farbenschläge. Dies hatte Gültigkeit bis Mai 2022 – wie es danach weiterging, erfahren Sie am Ende dieses Abschnitts.

Die Abkürzungen nochmal im Überblick

BDRG: Bund Deutscher Rassegeflügelzüchter
BLE: Bundesanstalt für Landwirtschaft und Ernährung
GEH: Gesellschaft zur Erhaltung alter und gefährdeter Haustierrassen

Zunächst einmal bedeutet das zusammengefasst also: Sowohl der BDRG als auch die GEH führen jeweils eine eigene Rote Liste, die sich aber nur wenig unterscheiden. Beide Rote Listen weisen dieselben vier Gefährdungskategorien aus:

- **I** extrem gefährdet
- **II** stark gefährdet
- **III** gefährdet
- **IV** unter Beobachtung, derzeit nicht gefährdet

In wenigen Fällen kann es vorkommen, dass ein und dieselbe Hühnerrasse bei den beiden Roten Listen unterschiedlichen Gefährdungskategorien zugeordnet wird. Das liegt an der schwierigen Erhebung der Bestandszahlen. Im Gegensatz zu den Großtierzuchtverbänden führt man für Kleintiere nämlich kein klassisches obligatorisches Zuchtbuch, in dem man den Stammbaum eines Hühnerindividuums nachverfolgen könnte. Im BDRG gibt es zwar eine Art Zuchtbuch, die dort gemachten Angaben der Züchter, die daran teilnehmen, und die jährlich durchgeführte Zuchttierbestandserfassung sind jedoch freiwillig und werden nicht kontrolliert. Auch die GEH nimmt Bestandsabfragen auf freiwilliger Basis vor.

Halbstarke Ostfriesische Möwen im Farbenschlag silber-schwarzgeflockt.

Auf Grundlage dieser Erhebungen werden die Bestandszahlen ermittelt – schlicht, weil man keine anderen Parameter hat. Problematisch kann zusätzlich sein, dass in der Regel keine genetischen Untersuchungen gemacht werden, inwieweit die einzelnen Populationen miteinander verwandt sind und wie eng der Inzuchtgrad ist. Und nein, es wird auch nicht kontrolliert, ob das gemeldete Tier wirklich reinrassig ist, hier kann es aus Unkenntnis immer mal Falschangaben geben. Deshalb ist die Einstufung in die vier Gefährdungskategorien alles andere als besonders aussagekräftig. Hinzu kommt: Hühner können innerhalb kurzer Zeit in großen Stückzahlen nachgezogen (oder auch geschlachtet) werden, daher können die Rassen auch sehr schnell zwischen den einzelnen Gefährdungskategorien wechseln. Die Gefährdungskategorien werden nach einer bestimmten Schätzformel errechnet, die man im Internet einsehen kann (Service Seite 124).

Und damit der Verwirrung noch nicht genug. Neben den Roten Listen des BDRG und der GEH gibt es noch eine weitere, übergeordnete „offizielle" Liste: die „Liste alter einheimischer Nutztierrassen in Deutschland" (die zunächst einmal alle alten Rassen auflistet und noch keine Gefährdungen berücksichtigt) und darin im Speziellen die „Rote Liste der gefährdeten Nutztierrassen". Diese Liste wird seit 2012 vom „Arbeitskreis Kleintiere des Fachbeirates Tiergenetische Ressourcen" erstellt. Sie vereint die Ergebnisse beider zuvor genannter Roten Listen und weitere Erkenntnisse der im Arbeitskreis zusammenarbeitenden Institutionen. Im Arbeitskreis Kleintiere des Fachbeirates Tiergenetische Ressourcen arbeiten der BDRG, die GEH und die Initiative zur Erhaltung alter Geflügelrassen e. V. (IEG) zusammen, außerdem unter anderem die Deutsche Gesellschaft für Züchtungskunde, das Institut für Nutztiergenetik des Friedrich-Loeffler-Instituts, der Wissenschaftliche Geflügelhof und die Bundesanstalt für Landwirtschaft und Ernährung (BLE). Die BLE ist es auch, die diese zusammengeführte Liste veröffentlicht.

Immer wieder wird die Rote Liste überarbeitet, und zwar neuerdings folgendermaßen: Die Rassen müssen entweder vor 1949 auf dem Gebiet der heutigen Bundesrepublik Deutschland gezüchtet worden sein und einen landwirtschaftlichen Nutzen gehabt haben oder sie sind in der Bundesrepublik Deutschland erzüchtet worden, seit mindestens 50 Jahren durch eine in Deutschland ansässige Organisation (zum Beispiel den BDRG) anerkannt und hatten nachweislich einen landwirtschaftlichen Nutzen. Damit wird die Anzahl der Rassen, die auf der Roten Liste stehen, mit Sicherheit erweitert.

Bewahren heißt züchten

Je seltener eine Rasse gehalten und vor allem auch reinrassig weitergezüchtet wird, desto gefährdeter ist sie, unterzugehen. Viele Rassen werden nur durch engagierte Züchterinnen und Züchter am Leben gehalten – und wenn diese, zum Beispiel aus Altersgründen, wegbrechen, klopft sehr schnell der Gefährdet-Status an die Stalltür.

Es ist das erste von zwei Dilemmas: Es gibt so viele schöne Hühnerrassen und am liebsten möchte man alle haben. Die meisten Halter picken sich dann zwei, drei Rassen heraus, die von der Größe und vom Temperament zusammenpassen, und halten sie gemeinsam. Aus Sicht der Hühner ist das völlig in Ordnung. Für den Erhalt der Rasse hilft es nur insofern, dass der Halter einem Züchter reinrassige Tiere abkauft, dieser dafür etwas Geld und – vielleicht noch wichtiger – Anerkennung und Motivation für seine Arbeit bekommt. Es ginge ja im Sinne der Biodiversität auch noch schlechter: Der Halter hätte Hybridhühner vom Geflügelwagen kaufen können.

Den meisten Beitrag zum Erhalt einer Rasse leistet man, indem man selber züchtet. Das heißt in der Regel, sich für eine Rasse zu entscheiden und sich dann mit dem Rassestandard genauestens vertraut zu machen. Ansprechpartner, auch für den Kauf von Jungtieren oder Bruteiern, sind die regionalen Kleintier- oder Geflügelzuchtvereine und der Sonderverein der anvisierten Rasse. Nur wenn sich Leute finden, die die Rasse vermehren und sie möglichst auch weitergeben, hat die Rasse eine Chance, die Zeit zu überdauern.

Das zweite Dilemma ist, dass zur Erhaltung eines großen und möglichst diversen Genpools reinrassige, hochgradig rassetypische Tiere gebraucht werden. Das Herz schlägt aber auch für alle anderen und natürlich haben „unperfekte" Hühner absolut ihre Berechtigung. Sie legen Eier oder liefern Fleisch, werden ohne Frage zu liebenswerten Freunden der Familie. Ein Verwischen der Rassen führt im Laufe mehrerer Generationen jedoch zu einem „Einheitsbrei" an Rassen. Und „im Laufe mehrerer Generationen" ist bei Hühnern aufgrund der kurzen Entwicklungszeit vom Küken zum fortpflanzungsfähigen Tier eine sehr kurze Zeit.

Nun möchte oder kann nicht jeder Hühnerhalter Hühner ernsthaft züchten. Aber es ist wichtig, einmal einen Schritt zurück zu machen und sich diese Problematik vor Augen zu führen.

Sundheimer-Henne beim Sonnenbaden.

Über dieses Buch

Wie schon in unserem Vorgängerwerk „Garten sucht Hühner" haben wir den verschiedenen Hühnerrassen in diesem Buch Piktogramme zugeordnet. Auf einen Blick zeigen sie den Typ des Huhns an: vom schweren Fleischhuhn bis zum gefiederten Leichtgewicht. Außerdem ob die Hennen gut, mittel oder eher mau legen sowie Kategorien für Eiergröße und -farbe.

Die bei den verschiedenen Rassen angeführte Einschätzung, wie selten oder gefährdet diese Rasse ist, ist eine Momentaufnahme. Wie zuvor gesagt lassen sich bei Hühnern in sehr kurzer Zeit viele Nachkommen erbrüten und genauso viele könnten geschlachtet werden, sodass die absoluten Bestandszahlen sehr schwanken.

Die Angabe, wie gut Hühner oder Bruteier einer Rasse zu bekommen sind, haben wir nach bestem Wissen und Gewissen gemacht. Es kann regional jedoch sehr unterschiedlich sein. Durch regionale oder gar lokale Schwerpunkte in der Zucht kann eine an sich seltene Rasse „gefühlt" häufig vorkommen. Wenn gerade ein aktiver Züchter in Ihrer Nähe wohnt und ausstellt, findet man auf der nächsten Kleintierausstellung möglicherweise mehrere Ausstellungsboxen mit genau dieser Rasse und man bekommt den Eindruck, es sei die weit verbreitetste Rasse, die man sich denken kann. Manchmal ist es so, dass man sich innerhalb der Familie mit dem Rassehühnerzucht-Virus ansteckt und schwupps, gibt es in einem kleinen Landkreis möglicherweise plötzlich fünf Rebhuhnhalsige-Italiener-Züchter mit zusammen fast hundert Tieren. Eine Momentaufnahme, die über den tatsächlichen Gefährdungsstatus hinwegtäuschen kann.

Und last but not least: Die Angaben der zu erwartenden Legeleistung, also der Anzahl der Eier im ersten Legejahr, sind nur ein Richtwert. Sie ist sehr abhängig von der Haltungsform und auch, wie nährstoffreich die Fütterung ist – gute Leger brauchen Power. Und es gibt auch Unterschiede von Individuum zu Individuum. Aber die grobe Aussage ist dennoch sehr hilfreich bei der Auswahl Ihrer alten Rasse.

Alte Hühnerrassen

Legende für den Kurz-Check

Typ: schwer, mittel, leicht

Legeleistung: gut, mittel, wenig

Eiergröße: groß, mittel, klein

Eierfarbe: braun bis tiefbraun, braun, hellbraun, türkis, weiß bis creme, weiß

Altsteirer

Altsteirer kommen aus Österreich. Sie stammen, wie der Name schon vermuten lässt, aus der Steiermark, in der Gegend um Graz. Sie haben einen gemeinsamen Ursprung mit den etwas bekannteren Sulmtalern.

Der Einfachkamm beim Hahn.

Vorfahren dieser österreichischen Landhuhnrasse wurden bereits im 14. Jahrhundert erwähnt. 1884 fand eine offizielle Trennung in eine Lege- und eine Fleischrasse statt. Die leichtere Legerasse wurde fortan „Altsteirer" genannt, die schwereren Fleischhühner „Sulmtaler". Letztere sind auch heute noch eine für ihr geschmackvolles Fleisch bekannte österreichische Landhuhnrasse. Beide Rassen sind also nah verwandt (weswegen sie auch gemeinsam vom selben Sonderverein betreut werden, Seite 123), lediglich der Züchtungsschwerpunkt ist ein anderer: Bei den Altsteirern ist es die Legeleistung, bei Sulmtalern Fleischansatz und Fleischqualität.

Der bekannteste Farbenschlag der Altsteirer ist wildbraun, also ein gräulich braunes Gefieder bei den Hennen, wobei die Federn in der Wahrnehmung sehr viel mehr „leuchten", als es der schmucklose Begriff „wildbraun" vermuten lässt. Der Hahn ist an Brust, Bauch und Schwanz schwarz, sodass sich ein hübscher Kontrast zum rötlichen Braun der anderen Körperpartien ergibt. Der Halsbehang und das Sattelgefieder sind bei ihm braunrot und leuchten richtig. Er ist also wesentlich farbenfroher als die eher unscheinbare Henne. Außerdem gibt es weiße Altsteirer, sie sind noch seltener als der wildbraune Farbenschlag.

Charakteristisch sind der Federschopf auf dem Kopf und der sogenannte Wickelkamm bei Hennen (Hähne tragen einen Einfachkamm). Bei einem Wickelkamm handelt es sich um einen Einfachkamm, der durch den Schopf etwas gestaucht und wie zu einer Falte gelegt ist.

Altsteirer besitzen helle Läufe – und das wiederum bedeutet weiße Haut! Weiße Haut macht Hühner zu beliebteren Tieren für den Verzehr als Hühner mit dunkler Haut. Ja, so etwas gibt es nämlich auch, bei Seidenhühnern und Cemani beispielsweise, und das ist auf dem Teller nicht jedermanns Sache. Somit darf man die eingangs beschriebene Trennung von Altsteirern und Sulmtalern hinsichtlich ihrer Nutzung nicht messerscharf verstehen. Auch das Altsteirer Huhn wurde und wird nach dem Ende der Legeperiode gern gegessen. Und es ist gar nicht mal wenig Fleisch dran! Schließlich sind es recht kräftige Hühner. Aufgrund dieser doppelten Nützlichkeit – Eier und Fleisch – zählt das Altsteirer Huhn auch zu den sogenannten Zweinutzungshühnern.

Hahn und Henne in Wildbraun.

Fleißige Eierlegerinnen

Ihre „Kernkompetenz“ haben die Altsteirer beim Eierlegen. Sie legen weiße mittelgroße Eier, in ihrem ersten Legejahr bis 180 Stück. Sie sind gute Winterleger. Das war fast zu erwarten, ist doch ihr Herkunftsgebiet – die Steiermark – klimatisch betrachtet nicht das Paradies auf Erden, somit sind die Tiere an frostige Temperaturen gewöhnt (oder man muss korrekterweise sagen: durch Auslese angepasst). Wie alle guten Legerassen brüten Altsteirer-Hennen kaum (mehr zum Wieso-Warum auf Seite 63).

Altsteirer sind relativ ruhige Gesellen (wenn auch merklich lebhafter als ihre Sulmtaler Kolleginnen). Sie neigen weniger zum Fliegen und zeichnen sich durch emsiges selbstständiges Futtersuchen aus – ein Erbe der alten Landrasse.

Ein Prachtexemplar eines wildbraunen Altsteirer-Hahns.

Landrassen

Landrassen sind Rassen, die „auf dem Land“ in enger Abhängigkeit ihrer Eignung für die landwirtschaftliche bzw. kleinbäuerliche Nutzung entstanden sind. Von gezielter Züchtung kann man zu Beginn ihrer Entstehung meist nicht reden, da die Weitervermehrung intuitiv und pragmatisch gesteuert wurde. Man konnte nur robuste, dem Wetter oder sonstigen Besonderheiten der jeweiligen Region die Stirn bietende Tiere gebrauchen, die einen handfesten Zweck für die Halter erfüllten, zum Beispiel möglichst viele Eier legen, einen saftigen Braten abgeben (oder beides zusammen in einem guten Mittelmaß), zuverlässig Küken ausbrüten und führen … Schönheit war das Tüpfelchen auf dem i, aber nicht vordergründig wichtig.

Viele Landhuhnrassen sind zudem auch heute noch gute Futtersucher. Das lässt sich gut erklären: Dem Federvieh wurde auf dem Hof früher kaum Beachtung geschenkt, sie suchten sich ihr Futter überwiegend selbst auf der Wiese zusammen oder stibitzten sich Fressbares aus dem Trog der Schweine oder anderen Hoftiere.

Den Begriff „Landrasse“ darf man nicht mit „Landhuhn“ gleichsetzen. Letzterer bezeichnet eine Kategorisierung der Körperform. Hühner des Landhuhntyps haben einen vergleichsweise schlanken, gestreckten Körper mit mehr oder weniger anliegenden Federn. Man findet sie vorwiegend bei den europäischen Hühnerrassen. Amerikanische und asiatische Rassen gehören häufig zum Cochintyp mit rundlicherem Körperbau und „plüschigeren“ Federn.

Eine Sulmtaler-Henne in Gold-weizenfarbig.

Selten, aber keine Rarität

Altsteirer sind eine recht selten gehaltene Rasse und daher in ihrem Bestand potenziell gefährdet. Dennoch sollte es nicht sehr schwierig sein, Tiere oder zumindest Bruteier zu bekommen.

Übrigens, es gibt auch Zwerg-Altsteirer. Diese Rasse ist aber wesentlich jüngeren Datums und somit erwähnen wir sie bei den „alten Rassen" nur am Rande. Die wesentlichen oben genannten Merkmale lassen sich aber auf die Zwerge übertragen. Bei einem geringeren Platzangebot sind Zwerg-Altsteirer daher sicher eine Überlegung wert.

Andalusier

Das Andalusier-Huhn stammt aus Spanien, aus dem Süden von Andalusien – Nomen est Omen. Mitte des 19. Jahrhunderts kam es zunächst nach England, 1872 dann zum ersten Mal nach Deutschland.

Blaue Hühner haben generell eine große Fangemeinde. Wahrscheinlich, weil es einfach eine ungewöhnliche Farbe ist, die in der Hühnerwelt nicht so oft vertreten ist wie diverse rotbraune Töne oder Weiß. Dabei darf man sich „Blau" nicht wie Veilchenblau oder Azur vorstellen; viel eher ist es ein gedämpftes, mild-freundliches Rauchgrau. Die Hühnerzüchter nennen den Farbenschlag dennoch „blau".

Es gibt eine ganze Reihe von Hühnerrassen mit blauem Gefieder. Das Andalusier-Blau wird aber oft als das Nonplusultra bei blauen Hühnern angesehen. Die blaugraue Grundfarbe der Federn, zusammen mit dem schwarzblauen Saum um jede Feder – ein Traum! Fachsprachlich spricht man bei ihnen genau genommen vom Farbenschlag blaugesäumt. Farblich bestens abgestimmt, präsentieren sich auch die Läufe in Blau.

Vielleicht ist blaues Gefieder auch deshalb für Hühnerhalter so interessant, weil der Spruch „willst du was gelten, mach dich selten" in diesem Fall seine Berechtigung hat. Es ist sehr schwierig, Andalusier in Perfektion zu züchten. Denn wenn man zwei blaue Tiere miteinander verpaart, kommen nicht etwa nur schöne blaue Nachkommen dabei heraus. Nein, die blaue Gefiederfarbe vererbt sich nicht rein-, sondern spalterbig. Bei zwei blauen Elterntieren erhält man 50 Prozent blaue, 25 Prozent schwarze und 25 Prozent schmutzig-weiße („Splash") Tiere. Zumindest in der Theorie, in der Praxis können auch weniger blaue Hühner schlüpfen. Wer perfekte Andalusier züchten will, muss also viele Tiere ausbrüten lassen, um darunter wenige Exemplare zu haben, die den Rassestandard tipptopp erfüllen. Diese „Champions" bekommt man verständlicherweise nicht leicht zu kaufen.

Ein kleiner Trost ist, dass zumindest die Splash-farbenen Exemplare in letzter Zeit zu wahren Mode-Hühnern geworden sind – nicht nur bei den Andalusiern, auch bei Seidenhühnern, Orpington und anderen Rassen (mehr dazu im Kasten).

Wer damals im Biologieunterricht aufgepasst hat, möchte vielleicht anmerken, dass man nicht nur blaue Tiere untereinander, sondern auch weiße mit schwarzen verpaaren könnte, um den Farbton der

Begierde, das blaue Gefieder, bei den Nachkommen zu erreichen. Demjenigen sei gesagt: Jein! Bei dieser Konstellation entstehen zwar auch blaue Federn mit schwarzem Saum, sie zeigen aber nicht das schöne Blau, für das die Andalusier berühmt sind. Dem Fachpublikum auf der Geflügelausstellung fällt dieses „falsche“ Blau sofort auf. Der Laie kann mit diesen blauen Hühnern „zweiter Klasse“ aber durchaus überglücklich werden.

Splash bringt Cash

Hühner im Farbenschlag Splash sehen alle unterschiedlich aus: Auf mehr oder weniger weißem Grund (es ist eher ein schmutziges Weiß mit grauem Anflug) zeigen sich unregelmäßige gräuliche Schattierungen und einzelne schwärzliche Federn, die wie Pinselstriche aussehen. Die Einzigartigkeit jedes Huhns mit dieser Färbung macht deren vergleichsweise hohen Preis aus.

Drei Andalusier-Hennen in Schwarz, Splash und Blaugesäumt (von links nach rechts).

Andalusier mischten bei der Erzüchtung vieler anderer Rassen mit. Die Motivation war, das unnachahmliche Andalusier-Blau mit deutlichem Federsaum zu erreichen.

Blaue Federn – und sonst nichts?

Doch, doch! Andalusier sind tolle Legehühner. Sie fabrizieren wirklich viele Eier und wirklich große Eier! Insofern sind Gefieder-Fehlfarben für Andalusier-Züchter in der Regel kein schwerwiegendes Problem, da auch diese Tiere angesichts zu erwartender rund 160 weißer Eier im ersten Legejahr Abnehmer finden. Andalusier zählen zu den klassischen Legerassen. Nichtsdestotrotz besitzen sie helle Haut und weißes Fett, was bei Fleischliebhabern generell gut ankommt, und auch die Fleischqualität ist sehr gut.

Vom Temperament her sind Andalusier kleine Wildfänge, sie sind äußerst lebhaft und fliegen gerne und gut. Dass Hennen nur 2 Kilo oder ein wenig mehr auf die Waage bringen, hilft ihnen dabei ungemein. Am Brüten sind sie, wie viele legeorientierte Rassen, wenig interessiert (Seite 63).

Es gibt auch Zwerg-Andalusier, allerdings sehr selten. Sie wurden erst in jüngerer Zeit erzüchtet, daher zählen wir sie im Rahmen dieses Buches nicht zu den „alten Rassen". Für Halter mit weniger Platzkapazitäten sind sie vielleicht interessant. Dennoch bleiben sie lebhafte Charaktere, die man nicht mit allzu beengten Verhältnissen abzuspeisen versuchen sollte.

Zwerg-Andalusier in Blaugesäumt.

Augsburger

Auf dieser Seite präsentieren sich Hühner mit eigentümlichen Kämmen. Es handelt sich um die einzige in Bayern erzüchtete Hühnerrasse. Aus der Gegend welcher deutschen Stadt sie stammt? Raten Sie mal …

Beim Kronenkamm handelt es sich um zwei am Kammanfang und -ende zusammengewachsene Einfachkämme nebeneinander, die eine Art Becher oder Krone formen.

Um 1880 erzüchtete man in der Nähe von Augsburg, unter der Beteiligung von Lamotta- und La-Flèche-Hühnern, eine Hühnerrasse mit ganz besonderen Kämmen. Vertreten waren diese Tiere zunächst im Augsburger Raum und im Schwarzwald.

Der ungewöhnliche Kamm ist zugleich ihr herausragendstes Merkmal: Reinrassige Augsburger besitzen einen Kronen- bzw. Becherkamm. Diese besondere Kammform – im Grunde ein doppelter Einfachkamm – ist einmalig unter deutschen Rassen. In anderen Ländern gibt es wenige weitere Rassen mit Kronenkämmen, in Italien zum Beispiel die Sizilianischen Kronenkämme. Nicht nur Hähne tragen den Kronenkamm, auch die Hennen, bei diesen aber naturgemäß weniger auffällig. Maßgeblich verantwortlich für den Kamm ist das Einkreuzen des französischen La-Flèche-Huhns mit seinem eigenwilligen Hörnerkamm.

Ähnlich wie bei den Andalusiern (Seite 26) ist die Erzüchtung dieses besonderen Merkmals aufgrund der Spalterbigkeit schwierig. Man muss sehr viele Nachkommen ausbrüten lassen, um wenige kronenkämmige Tiere zu erhalten. Der (aus starr züchterischer Sichtweise) große Anteil an „Ausschuss“ führte um 1900 dazu, dass das Bayerische Landwirtschaftsamt die ursprüngliche Förderung dieser „Leistungsrasse“ auslaufen ließ und die Zucht in den damals üblichen staatlichen Zuchtstationen unterband. Wenige Züchtende außerhalb dieser Institutionen blieben ihren Augsburgern jedoch treu und bewerkstelligten den züchterischen Neuaufbau nach dem Zweiten Weltkrieg.

Mittlerweile gibt es Versuche, den Kronenkamm reinerbig zu züchten, zum Beispiel durch das Einkreuzen Sizilianischer Kronenkämme (sie vererben die Kammform reinerbig), Andalusier und Sachsenhühner. Die Kämme von Sizilianischen Kronenkämmen sehen leicht anders aus als die der Augsburger, sodass die Experten an diesem Punkt der Züchtungsarbeit noch nicht ganz zufrieden sind (der Laie wird den Unterschied kaum bemerken). Vor allem ist der Züchtungserfolg in dieser reinerbigen Linie noch nicht so stabil – dafür sind es bisher einfach zu wenig Tiere. Man darf also gespannt sein. Die Linie mit mischerbiger Kronenkamm-Vererbung gibt es aber weiterhin.

Hahn und Henne in Schwarz.

Kronenkamm hin oder her

Jetzt sind wir sehr ausführlich auf den Kronenkamm eingegangen. Aber dieses Huhn ist so viel mehr als sein Kamm! Es sind tolle Zweinutzungshühner, dabei robust und – wie der Züchter sagt – frohwüchsig.

Kommen wir aber zunächst zum weiteren Aussehen: Am verbreitetsten ist der schwarze Farbenschlag. Schwarz mit grünlichem Glanz, das ist auch die ursprüngliche Gefiederfarbe. Aus dieser leuchten die weißen Ohrscheiben heraus. Es gibt auch blaugesäumte Augsburger, dies ist aber ein jüngerer und sehr seltener Farbenschlag. Man muss ehrlich sein: Hätten die Augsburger nicht diesen außergewöhnlichen Kamm, würde nach rein optischen Gesichtspunkten (Achtung, Wortspiel!) kein Hahn nach ihnen krähen. Aufgrund ihrer Leistung aber schon! Die Assoziation „Teufelchen“, die die Kammform bei manchem Betrachter hervorruft, könnte man noch weiter vorantreiben: Augsburger legen wie der Teufel! Neben den vielen weißen Eiern (etwa 180 Stück im ersten Legejahr) sind Augsburger auch gute Fleischlieferanten. Das macht sie zu Zweinutzungshühnern und zu beliebten Haushühnern. Zuverlässige Brüterinnen sind Augsburger-Hennen nicht. Augsburger werden sehr gern in Hühnerherden eingekreuzt, um deren Legefreudigkeit zu erhalten oder zu verbessern. Das ist der Grund, warum man diese Rasse relativ häufig antrifft.

Häufig – und dennoch selten

Warum ist die Rasse bei den gefährdeten Haushuhnrassen gelistet, wenn sie doch oft gehalten werden, werden Sie vielleicht fragen. In züchterischer Perfektion ist sie sehr selten. Man sieht häufig „falsche“ Kämme oder nicht ganz reinrassige Tiere. Das ist zunächst einmal nicht schlimm. Nur hilft es dem Erhalt des Genpools nicht auf die gleiche Weise, wie es reinrassige Tiere tun (mehr zu dieser interessanten Diskussion auf Seite 18). Es gibt übrigens auch Zwerg-Augsburger, sie gehören aber nicht zu den „alten Rassen“.

Barnevelder

Diese Rasse stammt aus Barneveld, einer berühmten „Eier-Stadt“ in den Niederlanden. Barnevelder werden häufig in einem Atemzug mit Welsumer-Hühnern, einer ähnlichen niederländischen Rasse, genannt. Pssst, nicht weitersagen, aber die Barnevelder sind die hübscheren.

Braun-schwarzdoppeltgesäumt: Im Verlauf der Mauser verändert sich das Aussehen vom Jugend- zum Erwachsenengefieder (links eine Junghenne, rechts eine Althenne).

Mindestens seit 1850 beschäftigte man sich in den Niederlanden mit der Zucht eines Huhns, das später auf den Namen „Barnevelder“ hören sollte. Ab 1880 züchtete man schwerpunktmäßig um die niederländische Stadt Barneveld herum, zunächst jedoch nach rein wirtschaftlichen Gesichtspunkten: Ziel waren hervorragende Leger von möglichst dunkelbraunen Eiern, da diese besonders gut bezahlt wurden. Einheitliches Aussehen der Tiere war zunächst zweitrangig. Beteiligt waren unter anderem diverse Landhühner, Cochin, später auch Brahma und Orpington. Erst ab 1920 kann man von einer gezielten Zucht, auch in optischer Hinsicht, sprechen. Fast gleichzeitig eilte den Barneveldern aber der Ruf als gute Eierleger voraus und sie kamen ab 1922 auch nach Deutschland. Hier konzentrierte man sich auf die Perfektionierung des braun-schwarzdoppeltgesäumten Farbenschlags, der 1929 anerkannt wurde.

Barneveld war übrigens nicht nur Züchtungs-Hotspot der Barnevelder, sondern so etwas wie die „Stadt der Eier“, war sie in früheren Zeiten doch der größte Umschlagplatz für Eier in den Niederlanden. So wurden bereits 1923 fast 24 Millionen Eier von dort aus nach ganz Europa verkauft. Vor allem natürlich Eier der Barnevelder-Hühner und die ihrer gefiederten Konkurrenten Welsumer (Seite 94).

Barnevelder gibt es in mehreren Farbenschlägen: einfarbig Weiß, Dunkelbraun und Blau, lebhafter gezeichnet in Braun-blaudoppeltgesäumt und Silber-schwarzdoppeltgesäumt. Besonders bekannt ist der Farbenschlag braun-schwarzdoppeltgesäumt. Wirklich „alt“ sind nur die Farben braun-schwarzdoppeltgesäumt, schwarz und weiß.

Es handelt sich um sehr ruhige Hühner, sie fliegen so gut wie nicht. Sie legen hervorragend, und zwar wie gesagt große dunkelbraune Eier, im ersten Jahr bis zu 180 Stück. Sie sind zwar nicht ganz so schokobraun wie die berühmten Marans-Eier, aber dennoch sehr hübsch auf dem Frühstückstisch. Barnevelder sind auch als gute Winterleger bekannt. Und obwohl sie ursprünglich als Legehuhn erzüchtet wurden, ergeben sie schon allein aufgrund ihrer stattlichen Größe und ihres

Ein Zwerg-Barnevelder-Hahn in Braun-schwarz-doppeltgesäumt.

Gewichts einen guten Braten. Sie besitzen gelbe Läufe und somit auch gelbes Fett, was viele – als goldgelbe Fettaugen auf der Hühnersuppe schwimmend – an glückliche Kindheitstage zurückdenken lässt.

Last but not least gibt es auch Zwerg-Barnevelder. Sie sind jedoch nicht in den Niederlanden entstanden. Man hat sie in Deutschland erzüchtet, im Farbenschlag braun-schwarzdoppeltgesäumt sogar schon 1931. Die anderen Farben sind bedeutend jünger. Mittlerweile sind die Kleinen deutlich beliebter als die Großrasse. Denn Barnevelder der Großrasse sind in der Tat recht groß und brauchen trotz ihres ruhigen Gemüts etwas Platz. Bei Zwerg-Barneveldern ist der Farbenschlag blau in Deutschland nicht anerkannt (in der Schweiz existieren sie aber). Dafür gibt es kennfarbige Zwerg-Barnevelder, die es wiederum bei der Großrasse nicht gibt.

Was bedeutet kennfarbig?

Normalerweise muss der Laie bis zu acht Wochen warten, bis sich abzeichnet, ob eine Henne oder ein Hahn vor ihm steht. Bei kennfarbigen Rassen erkennt man schon bei Eintagsküken das Geschlecht anhand einer unterschiedlichen Flaumfärbung. Je nach Rasse sind die Charakteristika leicht verschieden. Kennfarbigkeit hat in der Praxis den Vorteil, dass man beim Kauf sehr junger Tiere genau das Geschlecht erhält, das man haben will.

Bergische Kräher

Tatatataaaa! Hier kommt etwas ganz Besonderes! Bei diesen Hühnern ist der Name Programm. Zu den Langkräherrassen gehörend, lässt der Hahn dieser Rasse einen ganz außergewöhnlich klingenden, langen Krähruf hören. Wenigstens ist die Lage sonor und die Lautstärke erträglich.

Das herausragende Merkmal dieser Rasse ist der ungewöhnliche Ruf des Hahns. Vergessen Sie Kikeriki und Co., dieser Kerl kann ganz andere Sachen. Ein bisschen wie ein verrostetes eisernes Gartentor. Eines, das in Zeitlupe geöffnet wird, schließlich kann ein einzelner Krähruf schon mal unendlich lange 15 Sekunden und damit etwa fünfmal so lang wie ein normaler Krähruf dauern! Gott sei Dank ist das aber eher die Ausnahme und nur bei sehr engagierten Hähnen in dieser Form zu hören. In der Regel kräht Mann deutlich kürzer, aber eben mit diesem besonderen Sound. Das Krähen lässt sogar eine gewisse Melodie erkennen. Auch das Gehabe dabei ist ungewöhnlich: Wenn ein „normaler" Hahn kräht, schmeißt er den Kopf nach hinten. Der Bergische-Kräher-Hahn dagegen schreitet nach vorn und senkt beim Krähen den Kopf, um noch das letzte bisschen Luft rauszuquetschen. Am Ende des Krähens befindet sich der Schnabel fast auf dem Erdboden. Nach diesem Kraftakt muss der Hahn erstmal wieder Luft schöpfen, was nicht selten mit einem schnarchenden Geräusch einhergeht, dem sogenannten Schnork.

Kein Schönheitswettbewerb ... ein Krähwettbewerb!

Äußerlich gibt es beim Hahn noch die kleine Besonderheit des sogenannten Fischrückens. Ja, das heißt wirklich so. Der Hahn ist lang gestreckt, hält sich etwas gerader aufgerichtet als andere Hähne und trägt einen leicht nach oben gewölbten Rücken, der Form eines Karpfens ähnlich. Also ein Hahn mit Buckel – nicht übermäßig schön, aber der Krähruf reißt's raus!

Bergische Kräher gibt es offiziell anerkannt in nur einem einzigen, dafür aber nicht weit verbreiteten Farbenschlag: schwarz-goldbraungedobbelt. Das Gedobbelte ist eine komische Zeichnung, deren Name nichts mit (Ver-)Doppeln zu tun hat, sondern wohl auf ähnlich wie das

Muster aussehende Spielsteine eines alten Legespiels zurückgeht. Besonders bei den Hennen erkennt man die charakteristisch breite Säumung der Federn: ein starker schwarzer Rand bei goldbrauner Grundfarbe, weitere Körperpartien sind uni schwarz-glänzend. Die Hähne sind an Brust, Bauch und Schwanz schwarz, Sattel- und Halsgefieder gold- bis kastanienbraun – ehrlich gesagt nicht wahnsinnig spektakulär, aber immerhin selten. Gedobbelte Farbenschläge kommen bei nicht vielen Rassen vor, nur bei verwandten Rassen der Bergischen Kräher, beispielsweise Bergischen Schlotterkämmen und Krüpern (Seite 64). Diese drei Rassen sind sehr nah verwandt, früher hat man sie auch einfach in einen Topf geworfen (und das meinen wir metaphorisch, nicht wörtlich-kulinarisch, obwohl das sicher auch nicht ausgeschlossen war). Die Trennung in die drei Rassen erfolgte erst zu Beginn des 20. Jahrhunderts.

Bergische Kräher haben einen vielgestaltigen Stammbaum, viele Rassen waren an ihrer Entstehung beteiligt. Fakt ist, sie stammen (wie auch die Bergischen Schlotterkämme und die Krüper) aus dem Bergi-

Der typische Bergische-Kräher-Hahn …

... und die zugehörigen Damen.

schen Land und dementsprechend aus klimatisch rauen Gefilden. Sie sind daher immer noch wenig anfällig gegen Wetterunbilden und sehr robust. Innerhalb ihrer Möglichkeiten sind Bergische Kräher auch gute Winterleger, insgesamt gehören sie aber nicht zu den allerfleißigsten Legerassen.

Diese Rasse wurde explizit auf ihren Krähruf gezüchtet, nicht auf Lege- oder Fleischleistung. Es ist sogar die einzige Rasse in Deutschland, die auf einen markanten Krähruf gezüchtet wurde und schon deshalb etwas ganz Besonderes. Nur der Vollständigkeit halber sei erwähnt, dass es in anderen Ländern, in Asien zum Beispiel, weitere sogenannte Langkräherrassen gibt. Früher gab es richtige Krähwettbewerbe und man staune: Die gibt es heute auch noch!

Besonders und besonders selten

Bergische Kräher gehören zu den ältesten deutschen Hühnerrassen, manche bezeichnen sie sogar als die älteste. Die Anfänge dieser Rasse vermutet man in Südosteuropa und im Orient. Spätestens im 12. Jahrhundert fand sie den Weg in unsere Breiten, zu diesem Zeitpunkt natürlich noch nicht in so einheitlich ausgeprägter Form wie heute. Der Legende nach brachte ein gewisser Graf von Berg, der im 12. Jahrhundert an Kreuzzügen teilnahm, mehrere Tiere in seine Heimat, ins Bergische Land. Der ungewöhnlich lange Krähruf eines Hahnes soll ihn und sein Gefolge aus misslicher Lage befreit haben: Sie hatten sich, so ist es überliefert, heillos im Wald verirrt. Dem bizarren Krähen folgend, erreichten sie letztendlich doch noch bewohntes Terrain. Aus Dankbarkeit kaufte der Graf den Hahn samt weiterer Hühner und nahm sie mit nach Hause. Fortan versuchte man sich an ihrer Weiterzucht. Bis zur offiziell anerkannten Rasse war es aber noch ein weiter Weg: Erst 1853 präsentierte man erstmalig einen Bergischen Kräher bei einer Ausstellung, der Rassestandard wurde 1885 verabschiedet. 1916 gründete sich der Sonderverein.

Schon allein ihre lange Geschichte spricht für einen Erhalt der Rasse. Ihre Robustheit und die außergewöhnliche Stimme des Hahns sind weitere Argumente, Bergische Kräher zu halten, zu züchten und somit als Teil des hühnerischen Genpools zu bewahren. Bringen sie doch ganz andere „Talente“ mit ein als das Nullachtfuffzehn-Legehuhn. Die Rasse ist heute äußerst selten, man kann sie wirklich als bedroht ansehen.

Freilich, die Hennen sind nicht über Gebühr hübsch und sie sind auch keine Superlegerinnen, immerhin bis 140 weiße Eier im ersten Legejahr sind zu erwarten, sie brüten auch nicht. Dafür hat man etwas ganz Besonderes auf dem Hühnerhof und der Krähruf wird für Erstaunen bis Belustigung bei Nachbarn und Gästen sorgen. Wenigstens ist das Krähen nicht besonders laut. Man könnte die Tiere theoretisch schlachten. Sie sind aber keine ausgesprochenen Fleischhühner, doch weil sie groß sind – vor allem die Hähne sind ganz schöne Maschinen – ist schon etwas Fleisch dran.

Die Tiere sind von ihrem Wesen her insgesamt ruhig, werden aber auch als sehr beweglich beschrieben. Das heißt, sie sind gerne unterwegs (brauchen somit einen großen Auslauf) und fliegen auch schon mal, wenn ihnen das Gras auf der anderen Seite des Zauns grüner vorkommt.

Wenn Bergische Kräher schon selten sind, sind Bergische Zwerg-Kräher superselten. Auch die Kleinen lassen den besonderen Krähruf erklingen, allerdings ein paar Töne höher.

Brakel

Bei den Brakel handelt es sich um wirklich lebhafte Hühner. Wie sagte mal ein befreundeter Hühnerzüchter? „Wenn du die Stalltür aufmachst, kann dir schon mal eins entgegenspringen."

Hier kommt ein Huhn, das wirklich nichts für enge Platzverhältnisse ist. Der Platzbedarf eines Huhns orientiert sich erst in zweiter Linie an der Körpergröße, entscheidend ist eher das Temperament. Und Temperament haben Brakel! Es sind eigentlich mittelschwere, aber agile Tiere, sie wollen laufen, viel laufen. Und auch im Stall sind sie fix unterwegs und brauchen „Bewegungsfreiraum". Bei zu enger Haltung neigt diese Rasse – eher als andere Rassen – zu Untugenden wie zum Beispiel Federpicken (mehr dazu im Kasten auf Seite 41). Weil sie recht schreckhaft sind, können sie auch gut mal auffliegen. Zwerg-Brakel, die es ebenfalls gibt, sind noch lebhafter als ihre großen Pendants.

Brakel zählen wie Ostfriesische Möwen und Westfälische Totleger zu den Sprenkelhühnern und gehören zu den ältesten Hühnerrassen Europas. Die Ahnen stammen aus den Niederlanden, erzüchtet wurde die Rasse dann in Belgien, genauer gesagt in Brakel, womit klar wäre, woher der Name stammt. Es gibt auch in Nordrhein-Westfalen eine Stadt namens Brakel, sie hat mit der Entwicklung der Rasse aber nichts zu tun.

Nach Deutschland kam sie 1895, 1907 gründete sich der erste Sonderverein. Dessen Züchtungsbestrebung war, die Bänderung – im Gegensatz zur Sprenkelung des Gefieders, wie sie die Westfälischen Totleger (Seite 96) zeigen – zu festigen.

Gebändert, nicht gesäumt!

Brakel sind wirklich hübsche Tiere. Als Farbenschläge kommen hierzulande gold und silber infrage, im Ausland sind weitere Farbenschläge anerkannt, zum Beispiel das so sinnlich klingende „zitronenfarbig". Zurück zu den in Deutschland anerkannten Farben: Körper und Schwanz der Hühner sind gold bzw. silber, jeweils mit Schwarz gebändert. Kopf und Hals, beim Hahn auch das Sattelgefieder, sind goldbraun oder schneeweiß. Der Schwanz wird, passend zum Charakter, keck aufgefächert getragen.

Brakel in Silber.

Brakel sind wohlgemerkt gebändert, nicht gesäumt! Dieser Unterschied ist in Züchterkreisen wichtig, und auch der Laie sollte – möchte er sich nicht gleich als solcher zu erkennen geben – das bei Plaudereien in geselliger Runde berücksichtigen. Bei einer Säumung ist jede Feder von einem farbigen (häufig schwarzen) Rand umgeben. Bei der Brakel-Bänderung sind die Federn wirklich quer gestreift.

Je gerader die Bänderung auf der Feder, desto „besser“ das Huhn. Der Traum eines jeden Brakelzüchters sind möglichst gerade Bänder – und kein „Fischgrätmuster“. Gerade beim Hahn, und hier insbesondere am Schwanz, ist dies nicht leicht zu erzüchten, zudem wird das „coole Muster“ am Körper großflächig vom einfarbigen Sattelbehang überdeckt. Daher werden Brakel meist in sogenannter Hennenzucht weiterentwickelt.

Hennenzucht

Bei der Hennenzucht konzentriert sich die Züchterwelt auf die Hennen. An ihrem Erscheinungsbild wird züchterisch gefeilt und sie sind es, die vorrangig ausgestellt werden – nicht die Hähne.

Brakel in Gold.

Kein Allerweltshuhn

Tiere mit der Brakel-Bänderung sind Unikate. Der schöne Kontrast von gemustertem Körper und strahlend weißem oder goldbraunem Kopf und Hals lassen dieses Huhn irgendwie besonders erscheinen; es wird nicht viele geben, die dieses Huhn nicht hübsch finden werden. Obendrein legen sie auch eine ordentliche Menge weißer Eier (bis 180 Stück im ersten Legejahr). Und wer schlachten mag, bekommt auch einen vernünftigen Braten mit weißem Fett. In Belgien ist das Huhn für seine Fleischqualität hoch geschätzt.

Trotz dieser ganzen Pluspunkte werden Brakel bisher gar nicht so häufig gehalten, wie man meinen könnte. Durch ihr lebhaftes Temperament sind sie nicht jedermanns Sache bzw. hat nicht jeder die erforderlichen Platzverhältnisse. Da sie jedoch in Deutschland nur in zwei Farbenschlägen anerkannt und gezüchtet werden, konzentriert sich die noch überschaubare Fangemeinde eben auf diese beiden Varianten und verzettelt sich nicht in den verschiedenen Spielarten. Das hat Gott sei Dank zur Folge, dass man Hühner oder Bruteier relativ gut bekommen kann – von einem Allerweltshuhn ist diese Rasse aber weit entfernt.

Wehret den Anfängen: Federpicken

Federpicken ist eine Untugend, die auf eine nicht optimale Haltung der Hühner hindeutet. Darüber hinaus spielt eine genetische Prädisposition eine Rolle, sprich, manche Tiere haben einfach von Anfang an einen „Feder-Fimmel". Die Tiere picken Artgenossen die Federn aus und fressen sie teilweise. Was aus einem neugierigen Zupfen einzelner Federn aus Langeweile beginnt, kann zum „Massensport" der Herde werden, weil sich die Hennen die Unart voneinander abschauen können. Beste Vorbeugung gegen solch ein Verhalten: viel Platz, damit Stress und Langeweile gar nicht erst aufkommen, und abwechslungsreiche Fütterung.

Brakel gibt es auch in der Zwerg-Variante.

Deutsche Lachshühner

Beschäftigt man sich mit der Geschichte der Deutschen Lachshühner, führt die Spur nach Frankreich, dem Land berühmter Modedesigner und hervorragender Küche. Logo, dass solch ein Huhn eine elegante Gefiederfarbe und formidabel schmeckendes Fleisch besitzt.

Die Ahnen der Deutschen Lachshühner waren vorzügliche Fleischhühner aus dem ländlichen Frankreich, benannt nach dem Dorf Faverolles. Ende des 19. Jahrhunderts kamen die Faverolles nach Deutschland und wurden nach und nach züchterisch zu einem deutschen Typ weiterentwickelt; die Faverolles wurden in Frankreich weitergezüchet. Die deutsche Linie erhielt 1912 den Namen „Deutsches Lachshuhn“. Auch das ursprüngliche französische Landhuhn, das Faverolles, ist mittlerweile in Deutschland als eigenständige Rasse anerkannt und heute wie damals ein tolles „Wirtschaftshuhn“, wenn man mal diesen unromantischen Namen benutzen will. Bei beiden – Lachshuhn und Faverolles – ist gut Fleisch dran. Jedoch ist es nicht die reine Fleischmasse, die Fans in Verzückung geraten lässt (es gibt Rassen mit einem höheren Fleischansatz). Es ist vor allem auch die gute Fleischqualität!

Früher waren Lachshennen durchgehend gute Legerinnen. Heute ist diese Eigenschaft mitunter etwas „verwaschen“, da viele Züchter Schönheit vor Legeleistung bei der Zusammenstellung der Zuchtstämme präferieren. Wenn man aber die „richtige“ Linie erwischt hat, legen Lachshennen auch sehr gut. Das durchschnittliche Lachshuhn schafft etwa 130 zartbraune Eier im ersten Legejahr. Alles in allem sind Lachshühner (und auch Faverolles) ganz tolle Zweinutzungshühner.

Wo ist der Fisch?

Falls Sie über den Namen „Lachshuhn“ stolpern und vermuten, die Hähne dieser Rasse könnten wie die Bergischen Kräher einen sogenannten Fischrücken haben (Seite 34) … nee! Der Name rührt vom ursprünglichen, am häufigsten anzutreffenden Farbenschlag her: Die Tiere zeigen ein helles Gelbrosa oder Apricot – eben lachsfarben. Oder wie der Farbenschlag offiziell heißt: lachsfarbig.

Eine Henne in Lachsfarbig.

Darüber hinaus gibt es die sehr viel selteneren Farbenschläge blau-lachsfarbig, weiß und weiß-schwarzcolumbia. Letzteres bedeutet weiß befiederter Körper mit schwarz gestricheltem Hals und schwarzen Schwanzfedern. Komisch und gleichzeitig irgendwie verständlich, dass sich viele Halter dann aber doch für die Lachsfarbigen entscheiden, nach dem Motto „Wenn schon Lachshuhn, dann doch auch in Lachs!" Das mag aber auch daran liegen, dass Tiere dieser Farbe recht leicht erhältlich sind, momentan liegen sie im Trend (sowas kann sich aber auch schnell ändern).

Übrigens sind nur die Hennen uni lachsfarben, und dies auch nur von Weitem. Schaut man genauer hin, erkennt man, dass vor allem die Federn auf Nacken und Rücken recht kräftig lachsfarben sind. Da sie aber jeweils von einem weißen Saum umgeben sind, erscheint der gesamte Vogel heller, verwaschener. Der übrige Körper ist fast elfenbeinweiß. Nicht so Ton-in-Ton die Hähne: Hier spielen noch Schwarz (an Brust, Bauch, Schenkeln und Schwanz) und ein wenig Rotbraun mit. So besteht zwischen Hahn und Henne ein toller Kontrast. Der Hahn sieht genau genommen gar nicht so aus, als würde er zu den Hennen gehören.

Zwerg-Lachshühner in Lachsfarbig: Hähne sind kontraststark.

Drei besondere Merkmale

Bei den Lachshühnern trägt man Bart! Die Dame des Hühnerstalles im vornehmen gebrochenen Weiß, der Hühnerherr kräftig schwarz. Quasi Hähne mit Vollbart – das hat nicht jeder auf dem Hühnerhof.

Und mit noch einer Besonderheit warten die Lachshühner auf, man sieht sie aber erst auf den zweiten Blick: In der dichten Befiederung der Füße verbergen sich nicht vier Zehen wie bei den meisten Hühnern, sondern fünf! Hoppla, eine Mutation? Nein, das Erbe der Faverolles! Viele französische Fleischrassen haben fünf Zehen, was aber weder für Huhn noch Halter irgendeine Bewandtnis hätte. Aber irgendwie doch cool.

Das Kuriose bei den Lachshühnern ist noch, dass man den Eindruck hat, als würden die Hennen das ganze Jahr über mausern, also immer ein bisschen, vor allem an den Schwänzen. Das haben sie mit einigen anderen weizenfarbigen Hühnern gemein (lachsfarbig ist eine genetische „Weiterentwicklung" von weizenfarbig). Die Tiere stört das nicht, nur der Halter muss wissen, dass die Hennen dann und wann nicht ganz so gut wie auf den Hochglanzfotos aussehen.

Last but not least sei gesagt, dass Lachshühner sehr ruhig sind. Sie fliegen kaum. Klar, sie sind ja auch recht schwer und böse Zungen behaupten, sie sind auch im Köpfchen etwas schwerfällig, sodass ihnen diese Schelmereien vielleicht gar nicht in den Sinn kommen.

Das Deutsche Lachshuhn ist ein wirklich großes, schweres Huhn in der Großrasse. Zwerg-Lachshühner, die es ebenso gibt, sind wesentlich handlicher, aber genauso hübsch. Da immer mehr Haltungen begrenzte Platzkapazitäten haben, trifft man häufig auf die Zwerg-Variante, öfter als auf die Großrasse. Die Zwerge gehören im Zusammenhang dieses Buches aber nicht zu den „alten Rassen".

Kein Weichfutter bei Bartträgern

Bei Hühnern, die einen Bart tragen, sollte man mit der Fütterung von Weichfutter aufpassen. Bleibt nämlich zum Beispiel ein Bröckchen eingeweichtes Brot am Bart hängen, animiert das andere Hühner zum Picken. Und das kann, muss aber nicht, der Anfang vom Federpicken sein (Seite 41). Lästig ist es für die Bepickte allemal.

Die fünf Zehen sind bei dieser verwegenen Dame deutlich sichtbar.

Deutsche Reichshühner

Manch einer mag bei dem Namen dieser Hühnerrasse kurz stutzen. Um es gleich vorwegzunehmen: Er spielt nicht auf das Dritte Reich an, sondern hat seinen Ursprung früher: zu Zeiten des Deutschen Kaiserreichs um 1900.

Im ausgehenden 19. Jahrhundert war die Erzüchtung dieses Huhn vom Wunsch nach einer Rasse motiviert, die nicht nur im Deutschen Reich entstanden ist, sondern das Land in gewisser Weise auch repräsentierte. Ein „Nationalhuhn" quasi, als Gegengewicht zu den weiteren neuen Rassen, die im 19. Jahrhundert aus anderen Ländern nach Deutschland kamen, wie zum Beispiel die Italiener aus Italien oder die La Flèche aus Frankreich. Nach dem Motto „Das können wir auch!". Interessanterweise sind als Ausgangsrassen mehrheitlich Rassen anderer Länder beteiligt, wie Wyandotten aus Amerika, Orpington aus England und Minorka aus Spanien. Aber zu diesem Zeitpunkt gab es auch schlicht noch zu wenige deutsche Rassen, auf die man hätte zurückgreifen können.

Als kleiner Kniff kam hinzu, dass man das Kaiserreich irgendwie im Aussehen des Huhns anklingen lassen wollte. Also setzte man sich bei der Gefiederfarbe in den Kopf, die Farben der Flagge des Deutschen Reichs Schwarz-Weiß-Rot unterzubringen. Somit entstand zuerst der Farbenschlag weiß-schwarzcolumbia – ein weißes Huhn mit schwarz gezeichnetem Hals und Schwanzgefieder. Das Rot steuerte der Kamm bei – voilà, die drei Farben sind beisammen. 1907 wurde das Deutsche Reichshuhn erstmals ausgestellt. (Gleichzeitig entstand aus Deutschen Reichshühnern in der Schweiz ein „Schweizer Huhn" in den Farben der Landesflagge: reinweißes Gefieder, roter Kamm.) Andere Farbenschläge kamen beim Reichshuhn hinzu: zunächst weiß, rot und gestreift, später auch schwarz, gelb-schwarzcolumbia, silber-schwarzgesäumt, gelb-schwarzgesäumt und birkenfarbig. Heute ist immer noch der Ausgangs-Farbenschlag weiß-schwarzcolumbia am häufigsten anzutreffen.

Nochmal zum Kamm: Das Reichshuhn trägt einen hübschen Rosenkamm auf dem Kopf. Der Rosenkamm ist ein vergleichsweise zierlicher Kamm (auch beim Hahn), dessen Oberfläche wie aus kleinen

Zwerg-Reichshühner in Birkenfabig.

Perlen zusammengesetzt wirkt und am Ende in einer Spitze, dem sogenannten Dorn, ausläuft. Vorteil dieses eher schmächtigen Kamms: Es kommt hier nicht so leicht zu Erfrierungen – auch ein Vorteil bei den teils harschen Wintern anno dazumal.

Namen sind Schall und Rauch

Wichtig ist, was dieses Huhn seinem Halter bietet. Reichshühner sind als fleißige Leger bekannt (im ersten Legejahr bis 160 gelbbraune Eier), auch als gute Winterleger, und sie geben ebenso einen stattlichen Braten ab. Ein klassisches Zweinutzungshuhn, und robust obendrein.

Tiere und ebenso die Bruteier sind relativ häufig zu bekommen. Unterm Strich ist diese Rasse nicht so beliebt bei der jüngeren Hühnerhalter-Community. Vermutlich tatsächlich wegen des altbacken klingenden Namens. Schade. Das Huhn macht alles richtig: Es legt, es schmeckt, es bietet viele Farbenschläge. Für seinen Namen kann keiner was.

Es gibt auch eine Zwergform, die in Eigenschaften und Aussehen mit der Großrasse vergleichbar ist.

Drei Parallelen soll der Körper der Reichshühner aufzeigen: die Flügellinie, die Rückenlinie, die Unterlinie am Bauch entlang – so besagt es der Rassestandard.

Deutsche Sperber

Wo die Aufzählung der Farbenschlag-Varianten bei manchen Rassen in diesem Buch mehrere Zeilen füllt, braucht dieses Huhn nur ein einziges Wort. Genau genommen noch nicht einmal das, denn es trägt den einzigen Farbenschlag gleich im Namen: Sperber.

Dies ist mal wieder eine Rasse, deren Entstehung auf eine namentlich bekannte Person zurückzuführen ist. Und das über mehr als 100 Jahre. Ziel war die Erzüchtung eines robusten Wirtschaftshuhns – mission completed. Otto Trieloff kreuzte um 1900 verschiedene Rassen, darunter Italiener und Plymouth Rocks (diese Rassen werden gesondert auf den Seiten 60 und 80 vorgestellt). Trieloff nannte die junge Rasse zunächst „Rheinische Sperber", kurz darauf nach Einkreuzung von Minorka aus Spanien „Gesperberte Minorka" und schließlich „Deutsche Sperber". 1907, nur wenige Jahre nach der Entstehung der Rasse – aber vor der Festlegung des heutigen Namens 1917 – gründete der Züchter höchstpersönlich den Sonderverein, der bis heute besteht.

Der Name Deutsche Sperber lässt sich natürlich auf den einzigen Farbenschlag der Rasse – gesperbert – zurückführen. Die Bezeichnung für gesperbertes Gefieder ist in Anlehnung an den Sperber, ein Wildvogel mit eben jener Zeichnung an der Brust, entstanden. Schon ein wenig makaber, dass man die Namen einer Hühnerrasse und eines Hühner-Farbenschlags ausgerechnet von einem Greifvogel ableitet. Aber wenigstens ist der Sperber zu klein und zu leicht, um ausgewachsene Hühner zu überwältigen. Bei Küken dagegen würde er eine sich bietende Gelegenheit sicher nicht ausschlagen. Aber das nur am Rande.

Deutsche Sperber kombinieren zu ihrem feschen Schwarz-Weiß-Kleid helle Läufe, weiße Ohrscheiben (die auf weiße Eier hindeuten, Seite 85) und leuchtend rote, große Einfachkämme und Kehllappen. Bei Hennen ist der Kamm oft leicht zur Seite geneigt.

Legebetontes Zweinutzungshuhn

Hinter diesem sperrigen Begriff verbirgt sich ein Huhn mit vielen Talenten. Es gibt einen stattlichen Braten ab, so man schlachten möchte; der Fokus liegt allerdings auf der Legeleistung. Etwa 180 weiße Eier sind im ersten Legejahr zu erwarten. Als gute Eierlegerin-

Ein prachtvoller Hahn, deutlich sichtbar der Einfachkamm.

nen brüten die Hennen so gut wie nicht (worin der Zusammenhang zwischen Legeleistung und Brutlust besteht, erfahren Sie auf Seite 63).

Die Hühner sind relativ schwer (was für die Fleischnutzung spricht), aber von ihrem Körperbau her schnittig, fast elegant, auf alle Fälle nicht so plump wie klassische Fleischrassen, zum Beispiel Deutsche Lachshühner. Körperlich wendige Hühnerrassen sind meist in ihrem Wesen lebhafter als ihre schwerfälligeren Kolleginnen, bis hin zur Schreckhaftigkeit. Die Sperber sind auch wirklich agil und lauffreudig, werden jedoch auch gut zutraulich. Die Faustregel sagt sonst eher: agile Rasse gleich verschreckter gleich weniger zutraulich. Aber Ausnahmen bestätigen wie bei dieser Rasse die Regel.

Hahn mit Hennen.

In Museen – und bald bei Ihnen?

Deutsche Sperber sind nicht allzu häufig zu finden. Am ehesten sieht man sie in Freilichtmuseen, weil sie auf einer grünen Wiese zwischen historischen Scheunen einfach unschlagbar aussehen und auch das idealisierte Bild der friedlichen Landwirtschaft der guten alten Zeit so schön bedienen. Es lohnt sich aber wirklich, sich diese alte Rasse genauer anzuschauen. Wer mit ihnen liebäugelt, findet beim Sonderverein oder in eben jenen Freilichtmuseen, die diese Tiere präsentieren, Ansprechpartner. Es sind keine Hühner für beengte Platzverhältnisse, die Tiere wollen laufen und sich gern einen Teil ihres Futters selber suchen – ein größerer Auslauf vorausgesetzt.

Neben der Großrasse gibt es auch Deutsche Zwerg-Sperber, sie brauchen nicht ganz so viel Platz und verhalten sich ansonsten wie ihr großes Pendant. Ihre Entstehung ist wie viele weitere Zwerg-Varianten in diesem Buch neueren Datums, sodass wir sie nicht zu den „alten Rassen" zählen.

Alle Deutschen Sperber sind gesperbert, aber …

… nicht alle Gesperberte sind Deutsche Sperber. Hä? Gesperbert ist die Bezeichnung eines Farbenschlags, der bei mehreren Rassen vorkommt. Der Laie mag alles, was im Gefieder schwarz-weiß-gemustert daherkommt, irgendwie in einen Topf werfen. Aber es gibt tatsächlich einen Unterschied zwischen gesperbert und gestreift (wie die Plymouth Rocks, Seite 80).
Bei beiden Farbenschlägen sind die Farben Schwarz und Weiß im Gefieder vereint. Der Unterschied: Beim gestreiften Farbenschlag sind beide Farben auf der Feder klar voneinander in geraden Streifen getrennt, bei gesperbertem Gefieder sind die Streifen eher bogenförmig und die Übergänge verschwommener, sodass sich insgesamt ein leicht verwaschenes Bild ergibt. Der sogenannte Sperberfaktor, also wenn Erbgut für gesperbertes Gefieder vorliegt, geht immer mit Kennfarbigkeit einher (Seite 33).

Deutsche-Sperber-Küken.

Deutsche Wyandotten

Der ursprüngliche Name „Wyandottes", der später auch eingedeutscht wurde, geht auf den gleichnamigen Stamm amerikanischer Ureinwohner zurück – der diese Hühner aber wohl selber gar nicht gehalten hat. In Deutschland entwickelte man die Rasse dann optisch etwas anders weiter als in den USA.

Henne in Silber-schwarzgesäumt.

Die ursprünglichen „Wyandottes" sind um 1865 in den USA entstanden, fanden aber erst 1883 ihren Namen. Die Züchter wollten eine neue Rasse im Farbbild der silber-schwarzgesäumten Sebright erschaffen – zudem sicherlich ein Huhn eine Nummer größer als die winzigen Sebright.

Knapp 20 Jahre nach ihrer Entstehung kamen erste Wyandotten nach England, kurz danach auch nach Deutschland, wo man sich auch gleich mit Begeisterung an die Erzüchtung weiterer Farbenschläge machte. Und dabei merkte man eine Besonderheit: Die frühere Form des Huhns hatte einen spitzen Abschluss, einen eher spitz ausgebildeten Schwanz, und das funktionierte mit der ursprünglichen Federsäumung ganz gut. Denn für diesen spitzen Abschluss braucht es eine recht harte Feder. Nun wollte man aber auch andere Gefiederfarben erzüchten, was auch gelang – nur die Federqualität war plötzlich weicher, gerade bei den einfarbigen Federn. (Dabei hat die Festigkeit nicht unmittelbar etwas mit der Federfarbe zu tun, sondern ist quasi ein Nebenprodukt dieser Züchtungsbemühungen; wer das vertiefen möchte, kann im Kasten weiterlesen.) Und mit den weicheren Federn war die spitz ausgeformte Schwanzpartie nicht zu halten. Was also tun? Daher veränderte sich die Körperkontur der Wyandotten nach und nach: Sie wurde weicher, rundlicher am Popo und bald ähnelte die Schwanzpartie der Hufeisenform von heute. Die neue gerundete Form kam beim Publikum an: Die „Deutsche Wyandotte" war geboren und avancierte bald zur beliebteren Form in Europa. In den Niederlanden und Großbritannien werden teils aber auch noch die ursprünglichen Formen, also die Wyandotten ohne den Zusatz „Deutsch" gezüchtet.

Der einstige Farbenschlag silber-schwarzgesäumt (der mittlerweile selten ist) bekam im Laufe der Zeit Unmengen an Konkurrenz. Zum einen gibt es einfarbige Varianten wie weiß, schwarz, blau, rot, gelb.

Federfarbe und Federstruktur

Diese beiden Parameter haben nicht unmittelbar miteinander zu tun. Das heißt, eine reinweiße Feder ist nicht per se weicher als eine weiß-schwarzgesäumte. Aber: Eine Federsäumung gilt nur dann als gelungen, wenn der Saum klar von der Grundfarbe abgegrenzt ist. Und das gelingt bei einer festeren Feder besser als bei einer weichen. Das bedeutet, dass, wenn Züchter Hühner mit der jeweils schönsten Säumung zur Weiterzucht auswählten, dies automatisch Tiere mit festeren Federn waren (sonst wäre die Säumung nicht so schön). Aus diesem Grund züchtete man Tiere mit Säumung quasi nebenbei auch fester in der Federqualität, ohne sich darauf zu konzentrieren. Das heißt im Umkehrschluss: Wer einfarbige Farbenschläge erzüchten wollte, hatte keinen Grund, auf die Festigkeit der Feder zu achten. Und somit wurde die Feder im Falle der einfarbigen Wyandotten weicher. Züchtungsziel war immer die Farbe, die jeweilige Festigkeit „kam huckepack mit“.

Und dann auch gemusterte wie gestreift, schwarz-weißgescheckt, braun-porzellanfarbig, goldhalsig, silberhalsig, rebhuhnfarbig-gebändert, silberfarbig-gebändert, weiß-schwarzcolumbia, weiß-blaucolumbia, gelb-schwarzcolumbia, gold-schwarzgesäumt, gelb-schwarzgesäumt, gold-blaugesäumt, gold-weißgesäumt. Und das Ganze in schön dichtes, ja fast plüschiges Gefieder verpackt. Da weiß man gar nicht, was man nehmen soll, und als Züchter in spe genauso wenig, welchen Farbenschlag man züchten soll. Ein Tier ist schöner als das andere, vor allem die gesäumten Varianten. Oder um mal eine Freundin zu zitieren: „Die da hinten ‚mit dem Blusenmuster‘ gefällt mir am besten.“ Und als ob das noch nicht genug wäre, kommt noch der elegante Rosenkamm hinzu. Neben aller Attraktivität hat er auch einen praktischen Vorteil für ungemütliche Regionen: Je kleiner die nackten Partien, also Kamm und Kehllappen, desto geringer das Risiko für Erfrierungen in nasskalten Wintern.

Hahn in Silber-schwarzgesäumt.

Schöne Leger oder legende Schönheiten?

Bei den Deutschen Wyandotten handelt sich um ziemlich große Hühner mit sehr ruhigem Temperament. Manche sprechen sogar von liebenswürdigen Trantüten. Früher waren die Tiere für ihre spektakuläre Legeleistung bekannt – in der Zeit vor der Entwicklung der Hybridhühner mit ihrer überirdisch hohen Legequote wohlgemerkt. Interessant ist, dass die (je nach Farbenschlag leicht verschiedenen) cremefarben bis hellbraunen Eier mit der schön

Henne in Gold-blaugesäumt.

glatten Schale gar nicht so groß sind, wie es die Größe der Hennen vermuten lassen würde. Sei's drum, sie sind gute Legerinnen. Punkt.

Damals zählten sie gar zu den besten Legehühnern, die am Ende ihrer Legeperiode auch noch einen stattlichen Braten abgaben. Die Tiere besitzen gelbes Fett, sodass man aus ihnen die gute alte Hühnersuppe von früher (die mit den gelben Fettaugen auf der Oberfläche) kochen kann. Ein klassisches, tolles Zweinutzungshuhn!

Und noch einen Pluspunkt hatten sie im Vergleich zu anderen fleißigen Legerinnen: Im Gegensatz zu Italienern oder Leghorn, die gute Flieger sind, hielt es die gemütlichen Wyandotten eher am Boden. Niedrige Einzäunungen genügten für sie.

Mittlerweile ist die erstklassige Legeleistung etwas verloren gegangen, da man sich züchterisch sehr auf die Optik der Tiere konzentrierte. Vor dem Zweiten Weltkrieg gab es wohl noch eine Wirtschaftslinie, sodass viele Halter sowohl Tiere für die Eierproduktion als auch getrennt davon solche für Geflügelausstellungen gezüchtet haben. Die Wirtschaftslinie ist heute nicht mehr erkennbar und wahrscheinlich ausgestorben. So sind Wyandotten keine sehr guten, aber immer noch gute Leger (im ersten Legejahr bis 160 Stück). Und wer weiß, vielleicht erlebt dieser Faktor in der Züchtungsarbeit auch noch einmal eine Renaissance.

Übrigens entschließen sich die Hennen trotz ihrer guten Lege-Qualitäten auch ganz gerne mal zum Brüten und sind anschließend fürsorgliche Mütter.

Und wie sieht es mit der Verfügbarkeit aus?

Einfarbig schwarze oder weiße Wyandotten gibt es noch recht ordentlich, auch viele gesäumte Farbenschläge sind ganz gut zu ergattern. Besonders selten sind schwarz-weißgescheckte, braun-porzellanfarbige und gelb-schwarzcolumbiafarbene. Deutsche Wyandotten der Großrasse werden heute aber insgesamt nicht mehr so zahlreich gehalten wie vor vielleicht 50 Jahren. Es sind einfach sehr große Tiere, die viel Futter brauchen.

Die Pluspunkte der Großen in Sachen Leistung und Schönheit besitzen auch die Deutschen Zwerg-Wyandotten. Dabei benötigen sie weniger Platz und geringere Futtermengen. Kein Wunder, dass sie heutzutage häufiger gehalten werden als ihre großen Entsprechungen. Zwerg-Wyandotten sind mittlerweile die mit weitem Abstand beliebteste Zwerghuhnrasse in Deutschland.

Henne in Goldschwarzgesäumt.

Deutsche Zwerg-Wyandotten in Weiß.

Hamburger

Augsburger aus Augsburg. Brakel aus Brakel. Barnevelder aus Barneveld. Welsumer aus Welsum. Sundheimer aus Sundheim. Thüringer Barthühner aus Thüringen. Hamburger aus ... England. Wirklich. Kein Witz!

Hamburger wurden nicht in Hamburg erzüchtet, obwohl man das vermuten könnte. Es handelt sich um eine alte britische Rasse, eine erste Abbildung stammt aus dem Jahre 1740. Zunächst hatte diese Rasse aber kein einheitliches Bild, es waren „nur" schöne Legehühner. Hamburger heißen sie, weil sie ihren Weg über den Hamburger Hafen unter anderem nach Deutschland und in die Niederlande gefunden haben, wo sie genauso wie in Großbritannien in allen möglichen Varianten weitergezüchtet wurden. Erst 1921 räumte man die bunte Mischung ein wenig auf und ordnete ihnen die heutigen Farbenschlagsbezeichnungen zu.

Hamburger verkörpern das elegante Huhn schlechthin, besonders im Farbenschlag silberlack. Schwarze Tupfen auf weißem Grund, so präsentiert sich der bekannteste und bei Weitem am häufigsten gehaltene Farbenschlag. Ein bisschen wie ein Dalmatiner mit Federn, in der Gesamtanmutung aber dunkler, da der Anteil an schwarzen Flecken größer ist (ja, schon gut, der Vergleich hinkt sowieso an allen Ecken).

Silberlack ist bei der Hamburger-Haltung so omnipräsent, dass es gar synonym für die ganze Rasse verwendet wird. Wenn Ihnen ein Züchter auf die Frage, welche Rasse er züchtet, nur mit einem einzigen Wort antwortet: „Silberlack". Dann nicken Sie wissend und lächeln (und Ihnen ist klar, er hält zweifelsohne Hamburger).

Bei vielen Hobbyhaltern unbekannt ...

... ist angesichts der Übermacht der Silberlack, dass es noch weitere Farbenschläge gibt. Am ehesten begegnet man noch Hamburgern goldlack. Tiere dieses Farbenschlags wurden früher auch „Samthosenhühner" genannt – woher das kommt, konnten wir beim besten Willen nicht ermitteln, wir wollten Ihnen diesen hübschen Spitznamen aber nicht vorenthalten. Außerdem gibt es die Farbenschläge schwarz, weiß, blaugesäumt, silbersprenkel und goldsprenkel – ihre Anteile an allen gehaltenen Hamburgern belaufen sich weit abgeschlagen hinter den Silberlack-Tieren.

Hahn in Silberlack. Deutlich sichtbar der Rosenkamm mit Dorn.

Und noch viel unbekannter …

… ist die Tatsache, dass sich die verschiedenen Farbenschläge nicht nur im Gefieder unterscheiden, sondern auch in ihren Wesensmerkmalen. Man vermutet, dass sie nicht so eng miteinander verwandt sind, wie es bei den Farbenschlägen anderer Rassen der Fall ist. Sprich, die Hamburger mit Tupfen, also silberlack und goldlack, könnten eine andere Abstammung haben als Hamburger mit Sprenkeln, also silber- und goldsprenkel. Die Sprenkel-Farbenschläge sind viel lebhafter in ihrem Wesen, fliegen verrückter und sind auch vom Gewicht her deutlich leichter als ihre getupften Kollegen und Kolleginnen.

Henne in Goldsprenkel.

Die Gemeinsamkeiten

Es handelt sich bei allen Farbenschlägen um ein schlankes, gestrecktes, oft als fasanenartig elegant beschriebenes Huhn. Die Schwarzanteile im Gefieder sollen stark glänzen. Auffällig am Kopf sind einerseits die vergleichsweise großen weißen Ohrscheiben (die auf eine weiße Eierschale hindeuten, Seite 85) und der hübsche Rosenkamm mit langem, nach oben strebendem Dorn.

Hamburger sehen fantastisch aus (siehe auch Foto Buchcover). Die Frage nach der Legeleistung ist nicht so einfach zu beantworten, im Zweifel ist sie mittelmäßig (etwa 140 weiße Eier im ersten Jahr). Es gibt aber ein Aber: Die Rasse hat ein ungeheures Entwicklungspotenzial! Oder sollte man sagen Rückentwicklungspotenzial? In älterer Literatur steht nämlich noch, dass Hamburger gute Eierleger wären. Und das stimmte auch – damals. Dann hat man sich bei der Zucht mehr und mehr auf das Äußere konzentriert und vernachlässigte die Legeleistung. So werden die heutigen Hamburger ihrem Ruf von früher nicht mehr ganz gerecht, es sei denn, man hat das Glück, Tiere einer gut legenden Linie zu erwischen. Für frische Frühstückseier für die Familie wird es so oder so allemal reichen. Lange Rede, kurzer Sinn: Bei der Hamburger-Zucht wäre es eine lohnende Option, die Legeleistung wieder etwas mehr in den Blick zu nehmen. Hamburger neigen nicht zum Brüten.

Zum Schlachten taugen Hamburger eher weniger, an den Leichtgewichten ist schlicht zu wenig Fleisch dran. Und apropos Leichtgewichte: Trotz ihrer schmalen Statur sind sie für kleine Ställe und Mini-Ausläufe nicht geeignet. Ihr lebhaftes Wesen braucht Platz zur Entfaltung. Vor allem die Sprenkel fliegen auch unheimlich gut, besonders wenn sie sich erschrecken. Zwerg-Hamburger, die gibt's nämlich auch, sind noch ein Stück verrückter: Die fliegen fast wie die Spatzen. Das muss man bei der Konstruktion der Unterbringung beachten.

Besonderheit bei Hamburger-Küken

Hamburger, gerade im reinschwarzen Farbenschlag, neigen im Kükenalter zum Federpicken. Wenn die ersten richtigen Federn wachsen, erscheinen die Federkiele bei schwarzen Federn grau-glänzend, fast silbrig. Da besonders Küken (aber auch erwachsene Hühner) gern nach glitzernden Gegenständen picken, ist hier besondere Vorsicht geboten. Hamburger-Küken scheinen dafür ein besonderes Faible zu haben. Die beste Vorbeugung vor Federpicken (mehr zu dieser Unart auf Seite 41) ist ein großzügiges Platzangebot. Damit sich schon die Kleinsten aus dem Weg gehen und nicht malträtiert werden können.

Italiener

Italiener verkörpern den Prototyp eines Huhns. Wie schaut solch ein Huhn oder besser noch der Hahn aus? Schlagen Sie einfach das nächstbeste Kinderbuch auf, das auf einem Bauernhof spielt! So, wie der Hahn dort gezeichnet wurde, krähend auf seinem Misthaufen oder auf dem Dach des netten Häuschens der Großmutter, so sieht der Italiener-Hahn aus.

Ein rebhuhnhalsiger Hahn wie aus dem Bilderbuch.

Vorfahren der Italiener waren Landhühner aus der Lombardei in Norditalien. Über weitere Teile Italiens und England kamen sie ab 1870 ins restliche Europa.

Das klassische Bilderbuch-Federvieh wird verkörpert vom rebhuhnhalsigen Hahn, früher rebhuhnfarbig genannt. Italiener dieses Farbenschlags gab es früher gefühlt überall – jetzt leider nicht mehr.

Schauen wir uns die vielen weiteren Farbenschläge der Italiener an: Es gibt sie also neben rebhuhnhalsig sowohl in uni (schwarz, weiß, rot, gelb und blau) als auch in spannenden Farbkombinationen. Dazu zählen die Farbenschläge gestreift, goldfarbig, silberfarbig, schwarz-weißgescheckt, orangehalsig, rotgesattelt und goldbraun-porzellanfarbig. Klingt das nicht toll? Aber damit sind wir noch nicht am Ende. Dies waren die Farbenschläge, die vor 1930 erzüchtet wurden. Es gibt weiterhin Farbenschläge neueren Datums: blau-weißgescheckt, blau-rebhuhnhalsig, blau-goldfarbig, perlgrau-orangehalsig, weiß-schwarzcolumbia. Außerdem haben Italiener gesäumte Varianten im Repertoire, bei der jede Feder von einem Rand (Saum genannt) umgeben ist, sodass ein eher getüpfelter Eindruck entsteht. Die Farbenschläge dazu heißen offiziell: gold-schwarzgesäumt, gold-blaugesäumt, gold-weißgesäumt und wurden ebenfalls in neuerer Zeit erzüchtet. Es gibt auch kennfarbige Italiener. Bei ihnen erkennt man – auch der Laie – schon bei jungen Küken das Geschlecht (mehr zur Kennfarbigkeit auf Seite 33).

Die Läufe der Italiener sind schön gelb, was ein Zeichen für gelbes Fett ist (das für die schönen gelben Fettaugen auf der Hühnersuppe – auch wie aus dem Bilderbuch – verantwortlich ist). Die Ohrscheiben sind weiß, ein Indiz für weiße Eier.

Italiener tragen in der Regel große Einfachkämme. Früher war das bei schlechten Haltungsbedingungen, sprich bei Feuchtigkeit im Stall, schon mal ein Problem und man sah Italiener mit Erfrierungen an Kamm oder Kehllappen. Wer einen trockenen, gut belüfteten, aber zugluftfreien Stall hat, sollte damit aber keine Schwierigkeiten bekom-

Henne in Orangehalsig.

men, wenn er sich für Italiener entscheidet. Der „Feind“ der Hühner im Winter ist nicht die Kälte, sondern Feuchtigkeit.

Es gibt übrigens auch Italiener mit Rosenkämmen, schon 1853 wurde über solche berichtet. Sie sind aber sehr rar gesät. Sie werden oft als „Hallesches Huhn“ bezeichnet, da in Halle an der Saale eine Hochburg für rosenkämmige Italiener war. Heute sind sie superselten zu finden. Vielleicht weil das „Bilderbuchhuhn“ für die meisten unbedingt einen Einfachkamm haben muss, um ins Bild zu passen?

Es gab einst solch eine Italiener-Begeisterung, dass sich nicht nur ein Sonderverein, sondern gleich mehrere Züchterklubs gebildet haben, die sich auf bestimmte Farbenschläge, manchmal sogar nur auf einen Farbenschlag konzentrierten. Der Vorläufer des Sondervereins für Italiener seltener Farbenschläge gründete sich schon 1907. Fast zeitgleich gab es Extravereine für weiße Italiener, für blaue Italiener, ja selbst für die seltenen Rosenkämme gab es eine eigene Vereinigung, die noch heute existiert. Daran sieht man, wie früh diese Rasse in all ihren Facetten Bedeutung hatte. Heute sind die Betreuungen der Einzel-Farbenschläge aufgrund geringerer Züchterzahlen manchmal zusammengeführt.

Rebhuhnfarbig oder rebhuhnhalsig

Zu Beginn des 20. Jahrhunderts wurden rebhuhnfarbige Italiener ausgestellt, die aber eigentlich aus zwei getrennten Farbenschlägen bestanden. Einmal die eigentlichen Rebhuhnfarbigen und auf der anderen Seite die Goldfarbigen.

Goldfarbig heißen die heutigen Italiener, wenn es sich um die damalige Hennenzucht handelt. Also die Henne ist das Objekt der züchterischen Begierde und auf ihre Schönheit wird hingezüchtet. Der passende Hahn dazu sieht mit seiner gezeichneten Brustpartie nicht so schön aus und war – tja, man kann es kaum charmant ausdrücken – im Rahmen des Rassestandards nicht ausstellungswürdig. Aber er vermag schöne Hennen zu produzieren. Also: eher der Mann im Hintergrund.

Farbenschlag silberfarbig.

Steht jedoch der Hahn im Vordergrund, ist er der Schönling, nennt sich der Farbenschlag rebhuhnhalsig, der Hahn zeigt eine rein schwarze Brustfarbe. Und die ganze Geschichte hieß dann folgerichtig Hahnenzucht. Dann strahlte der Hahn; die zugehörige Henne verblasste neben ihm und wurde bei Ausstellungen lieber zu Hause gelassen.

Früher hat man diesen „Systemfehler" achselzuckend zur Kenntnis genommen, nichtsdestotrotz einfach die jeweils hübschen Geschlechter „rebhuhnfarbig" genannt und zusammen ausgestellt. Und das, obwohl die präsentierten Hähne und Hennen im Grunde kein „Paar" waren; die jeweils unscheinbareren Gegenstücke wurden nicht ausgestellt. Ganz schön gemein, denn ohne die „Normalos" würden die „Schönen" gar nicht entstehen können. Um das wenigstens fachlich sauber zu trennen, hat man kurz vor dem Zweiten Weltkrieg zwei verschiedene Farbenschläge daraus gemacht. So kommt es, dass heute bei Geflügelausstellungen „rebhuhnfarbige" Italiener-Hennen und goldhalsige Italiener-Hähne in ihrem jeweiligen Farbenschlag ausgestellt werden. Um die Verwirrung komplett zu machen, wurden vor ein paar Jahren die Rebhuhnfarbigen in Rebhuhnhalsige umbenannt. Grund dafür war die eingeführte Nomenklatur in der Rassegeflügelzucht, bei der bei der Bezeichnung „-farbig" eine gezeichnete Brust, bei „-halsig" eine einfarbige Brustpartie vorhanden sein muss.

Früher allgegenwärtig

Italiener waren vor dem Aufkommen der Hybridhühner – zusammen mit den Amerikanischen Leghorn – die verbreitetsten Hühner überhaupt, mit einem Riesenvorsprung zu anderen Rassen. Sie waren quasi auf jedem Bauernhof zu finden. Das Nonplusultra einer Legerasse. Sie haben für damalige Verhältnisse spektakulär gelegt, die 200er-Jahresmarke haben sie spielend geknackt und ihre Halter mit großen, weißen Eiern erfreut. Auch eine Brutzeit hat das Eierlegen nicht unterbrochen, denn Italiener brüten nicht.

Heute ist dieser „Eierwahnsinn" etwas differenzierter zu betrachten. Einerseits konnten sie natürlich wie alle alten Rassen in diesem

Buch nicht mit den Legehybriden mithalten. Angesichts dieser „Eierlegemaschinen“ verblasste der Stern der Italiener etwas. Möglicherweise hatte man sich an ihnen auch etwas sattgesehen, schließlich waren sie auf dem Lande allgegenwärtig? Und überhaupt, das muss man relativ sehen: Von welch hohem Thron – beste Legerasse weit und breit – sie gestoßen wurden! Sie sind heute immer noch Superleger. Auch wenn man sagen muss, dass diese einst so hohen Eierzahlen heute nur bei bestimmten Linien erreicht werden. Auch hier hat das Augenmerk auf Schönheit beim Züchten wie bei vielen anderen alten Rassen dazu geführt, dass die Eierleistung bei manchen Linien etwas zurückgegangen ist. Die Legeleistung wird daher „nur“ noch auf 180 Eier im ersten Legejahr geschätzt. Das ist Jammern auf ganz hohem Niveau. Und überhaupt: Wie viele Eier kann man schon essen am Tag? Was bei den Italienern noch hervorzuheben ist, ist, dass sie über mehrere Jahre recht hohe Eierzahlen liefern. Bei vielen Rassen nimmt die Eierproduktion nach dem ersten Legejahr deutlich ab. Ganz besonders auffällig ist dies auch bei den Hybridhühnern, gegen die die Italiener ja einst „verloren“ hatten.

Heute gibt es auch wieder Züchter, die Italiener mit Betonung auf der Legeleistung züchten. Diese Tiere entsprechen dann äußerlich etwas weniger dem Rassestandard in Perfektion, sodass sie keine Gewinner bei einer Rassegeflügelausstellung werden könnten. Wichtig für den Halter zu wissen, ist also: Es gibt beides.

Robuste, temperamentvolle Tiere

Italiener sind lauffreudige, große Hühner. Sie brauchen einen großzügigen Auslauf, um glücklich zu sein. Dann sind sie äußerst unkompliziert, auch in der Aufzucht. Und wie gesagt, wenn der Fokus der Legeleistung bei der Auswahl der Zuchtpartner mehr im Vordergrund stünde, kann das Italiener-Huhn sicher auch wieder an alte Erfolge anknüpfen. Allerdings haben sie auch ordentlich Temperament bis hin zur Schreckhaftigkeit. Keine kleinen verhuschten Vögelchen, sondern stolzes Federvieh mit langer Tradition.

Dem Hahn sollte man schon ruhig sechs Hennen zur Seite stellen. Bei weniger Hennen könnten sie leicht über- bzw. der Hahn unterfordert sein, wenn Sie verstehen, was wir meinen.

Zwerg-Italiener gibt es auch. Sie sind noch nervöser als die großen, ein Zaun ist für sie kein Hindernis, wenn sie sich erschrecken (und sie erschrecken sich gerne ...). Zwerg-Italiener sind weit verbreitet und passen damit voll zum Trend hin zu den Zwergrassen.

Warum gute Leger schlechte Brüter sind

Rassen, denen man eine hohe durchschnittliche Eieranzahl nachsagt, neigen in der Regel nicht zum Brüten. Oder salopp gesagt: Wer sich Zeit fürs Brüten und Führen der Küken nimmt und währenddessen wochenlang keine Eier legt, kann nicht die Eierzahlen vorweisen, die das Prädikat „gute Eierlegerinnen“ voraussetzt. Rassen, denen man den Bruttrieb weggezüchtet hat, machen im Gegensatz dazu diese lange Pause nicht und kommen somit auf eine höhere Jahres-Legeleistung.

Krüper

Hühner sind merkwürdige Wesen: Natürliche Mutationen und menschengemachte Züchtungen haben allerlei Kuriositäten hervorgebracht. Aus der nahen Verwandtschaft einer seltsam krähenden Rasse kommt hier eine seltsam laufende Rasse. Aber keine Sorge, Krüper kommen mit ihren Extremitäten bestens durchs Leben und sind glückliches Federvieh.

Krüper in Silberschwarzgedobbelt gehören zu den größten Seltenheiten der Hühnerszene.

Krüper gehören in den Dunstkreis der Bergischen Kräher (Seite 34) und der Bergischen Schlotterkämme. Sie sind nah verwandt; früher waren sie sogar in einer vielgestaltigen Rasse zusammengefasst und spalteten sich erst mit der weiteren Herauszüchtung zu eigenen Rassen auf. Krüper sind nicht so stimmgewaltig wie die Bergischen Kräher und ihre Kämme sind nicht so imposant wie bei den Schlotterkämmen. Nein, sie präsentieren einen anderen Wow-Effekt. Sie haben auffallend kurze Läufe. Manche sagen, Krüper sind die kurzbeinige Variante der Bergischen Schlotterkämme. Der Begriff „Krüper" kommt aus dem Niederdeutschen und bedeutet „Kriecher". Und das kommt nicht von ungefähr: Die Hühner laufen mit ihren kurzen Beinen komisch, ja, sie watscheln fast ein bisschen.

Um 1600 wurden das erste Mal kurzbeinige Hühner erwähnt. Es gibt über die Jahrhunderte Hinweise auf „Kriechhühner" in verschiedenen Ländern; Kurzbein-Mutationen sind unabhängig voneinander in unterschiedlichen Regionen aufgetreten. Die Bezeichnung Krüper tauchte aber erstmals um 1850 auf. Auch in Westfalen gab es übrigens eine kurzbeinige Krüper-Rasse, die Anfang des 20. Jahrhunderts dann mit den Krüpern aus dem Bergischen zu einer Rasse vereint wurde. Bereits 1904 wurde der noch heute bestehende Sonderverein gegründet.

Es gibt Krüper in den alten Farbenschlägen schwarz und weiß, also einfarbig. Dazu in gesperbert, schwarz-weißgedobbelt und rebhuhnhalsig. Es gibt sie auch in schwarz-gelbgedobbelt, dieser Farbenschlag ist aber nicht so alt. Übrigens ist ein gedobbelter Farbenschlag bei Hühnern sehr selten, er kommt noch bei den Krüper-Verwandten, den Bergischen Krähern (Sie wissen schon, die mit dem seltsamen Krähruf) vor.

Einst vom Aussterben bedroht

Die Rasse stand schon einmal kurz vor dem Aussterben. Ursachen gibt es einige: Die Rasse ist einfach nicht sehr bekannt. Das Bergische

Feder in Silber-schwarzgedobbelt.

Land, aus dem sie stammen, war bis zum Zweiten Weltkrieg ein eher abgeschiedenes Fleckchen Erde, es gab wenig Austausch mit anderen Hühnerzüchtern oder gar die Aussendung der Rasse in die Welt. Nach dem Krieg änderte sich das langsam: Einige Tiere sind, oft von ziehenden Handwerkern, in andere Regionen mitgebracht und verbreitet worden – aber nicht in großem Stil. Daher sind die Bekanntheit und Zucht immer noch mehr oder weniger als regional beschränkt einzustufen. Wenn dann an diesen Orten die Züchtungsarbeit durch Überalterung oder aus anderen Gründen einschläft, hat es gleich gravierende Folgen für die gesamte Rasse. Hinzu kommt die komplizierte Vererbung der Kurzbeinigkeit, was die Züchtung schwierig macht.

Nicht ganz einfache Zucht

Die Erzüchtung von nach dem Rassestandard ausstellungswürdigen Krüpern gestaltet sich schwierig. Um das zu verstehen, muss man zweierlei Dinge wissen. Zum einen, dass die Kurzläufigkeit, die so charakteristisch für die Rasse ist, eine alte Mutation ist. Zum anderen, dass es neben kurzbeinigen Krüpern auch langbeinige gibt. Die Langbeinigen legen genauso gut Eier, zeigen dasselbe Verhalten, sind ebenso agil, sehen genauso aus wie die Kurzbeinigen – nur haben sie normal lange Läufe und ... sie werden nicht ausgestellt! Weil ihnen dieses Quäntchen Besonderheit fehlt.

Durch die kurzen Läufe scheinen sie im hohen Gras regelrecht zu versinken, das bedeutet aber keinerlei Einschränkung für die Tiere.

Zurück zum Kern, der schwierigeren Zucht der Kurzbeinigen. Würde man zwei kurzläufige Krüper, also zwei Tiere mit dieser Mutation, miteinander kreuzen, ergäbe das statistisch 25 Prozent Küken, die es aufgrund der starken Ausprägung dieses speziellen Körpermerkmals extrem schwer haben, zu schlüpfen. Die Beine eines Kükens spielen beim Aufstemmen der Eischale einfach eine große Rolle. Das heißt, rein rechnerisch nach der Vererbungslehre, wäre es für ein Viertel der Nachkommen aufgrund ihrer Genkonstellation fast unmöglich, zu überleben. Dass dies kein moralisch vertretbarer Ansatz für eine Züchtung ist, ist wohl jedem klar. Und somit verzichten Züchter auf die Verpaarung einer kurzläufigen Henne mit einem kurzläufigen Hahn.

Wie also kommt man zu den Kurzbeinen?

Man muss immer einen Kurzbein- und einen Langbein-Krüper verpaaren. Dann schlüpfen Küken, die den ganz normalen Gefahren und Chancen beim Schlupf ausgesetzt sind wie die Küken jeder anderen Rasse auch. Es schlüpfen bei dieser Konstellation der Elterntiere 50 Prozent lang- und 50 Prozent kurzbeinige Küken. Soweit die Statistik wohlgemerkt! Und auf tausend Tiere gerechnet kommt das rechnerisch sicher auch hin. Beim Ausbrüten von sagen wir 20 Eiern im heimischen Brutkasten, kann es aber auch schon mal 16 Langbeine ergeben – und nur vier kurzbeinige. Inwiefern diese dann in ihren anderen

Merkmalen dem Rassestandard entsprechen, ist offen. Zur Erinnerung: Für die Ausstellung der langbeinigen Krüper gibt es keine Plattform. Sie sind aber genauso legefreudig, hübsch und liebenswert. Gut ist, dass diese Tiere für die Zucht der kurzbeinigen Krüper als Elterntiere unbedingt gebraucht werden. Denn nur Nutztiere, die auch genutzt werden, haben auf lange Sicht die Chance auf Erhalt. Und indirekt helfen die Langbeine auf diese Weise eben dem Erhalt der Kurzbeine. Insofern muss man vorsichtig sein, aus dieser scheinbaren Zweiklassengesellschaft der Krüper ein Plädoyer gegen diese Rasse abzuleiten. Jede Hühnerrasse ist erhaltenswert und gerade die Sonderlinge machen die Hühnerrassenwelt so vielfältig. Und ohne Langbeine keine Kurzbeine. So oder so, die Zucht der Krüper ist einfach eine Besonderheit und muss mit Verantwortungsbewusstsein durchgeführt werden.

Beliebte Legehühner

Egal, ob Lang- oder Kurzbein: Krüper legen supergut! Bis zu 180 weiße Eier sind zu erwarten, manche prophezeien auch stattliche 200 oder gar 220 Eier im ersten Legejahr. Diese Legeleistung ist auch der Grund, weshalb überzählige langbeinige Krüper in der Regel von Menschen, die sowieso nicht züchten oder ausstellen wollen, sehr gern genommen werden.

Krüper fliegen auf, wenn sie erschrecken. Weil sie leicht sind, fällt ihnen das nicht schwer, aber aus Lust an der Freude fliegen Krüper eigentlich nicht. Sie sind eher ruhige Gemüter. Und weil sie leicht und schlank sind, eignen sie sich eher nicht zum Schlachten. Also durch und durch ein echtes Legehuhn, das einfach mal auf kurzen Beinen durch den Garten watschelt.

PS: Es gibt auch Zwerg-Krüper, sie sind aber noch viel seltener als die großen. Wenn sie einen zu Gesicht bekommen, streichen sie sich den Tag im Kalender an – es könnte ihr Glückstag sein.

Zwerg-Krüper in Schwarz.

Lakenfelder

Lakenfelder sind sehr attraktive Hühner, ihre Gefiederfarbe lebt vom Kontrast von Schwarz und Weiß. Er gibt ihnen ein ausdrucksstarkes Äußeres. Fast nebenbei sind sie auch noch sehr gute Eierleger.

Typische Halsfärbung einer Lakenfelder-Henne.

Diese schöne Hühnerrasse findet wahrscheinlich erstmals in einem Reisebericht aus dem Jahr 1727 Erwähnung. Hierin werden schwarz-weiße Hühner in der Nähe des niederländischen Örtchens Lakenveld beschrieben. Vermutlich wurde aus der Ortschaft Lakenveld mit v später die Rassebezeichnung mit f: Lakenfelder aus Lakenveld und somit aus den Niederlanden.

Es gibt jedoch noch eine zweite Variante zur Entstehungsgeschichte, in der die Herkunft der Lakenfelder in Deutschland, genauer in Westfalen, gesehen wird. Hier leitet man den Namen von der Farbkombination her, die in dieser Form gar nicht einzigartig ist, sondern beispielsweise auch von einer Rinderrasse bekannt ist, den Lakenvelder Rindern.

Wenn auch der Ort der Entstehung nicht eindeutig belegt ist, so viel ist sicher: Die Lakenfelder-Hühner stammen von den Nordwesteuropäischen Sprenkelhühnern ab und sind im Grunde ihres Hühnerherzens, mit ihrer Lebhaftigkeit und Lauffreude, immer noch Sprenkelhühner geblieben. Sie sind eng verwandt mit den Hamburgern, Brakel und Westfälischen Totlegern (Seiten 56, 38 und 96).

Lakenfelder-Hühner kommen in nur einem Farbenschlag vor bzw. sind nur in diesem Farbenschlag anerkannt (es wurden auch schon blau-weiße Lakenfelder gezeigt). Hahn und Henne sind gleich gezeichnet: ein weißer Körper mit schwarzem Kopf, Hals und Schwanz. Obwohl Lakenfelder nichts mit einem Bettlaken zu tun haben, kann man sich als Eselsbrücke vielleicht Folgendes merken: Die Tiere sehen aus, als hätte man ihnen ein weißes Laken über den Rücken gelegt. Die Farbgebung ist ähnlich des Farbenschlags weiß-schwarzcolumbia, das Schwarz ist aber satter.

Lakenfelder haben blaue Läufe und weiße Ohrscheiben, das heißt, sie legen wie alle Sprenkelhühner weiße Eier. Und sie legen ausgesprochen gut, bis 200 Eier im ersten Jahr.

In der Großrasse – es gibt auch Zwerg-Lakenfelder – sind es stattliche Hühner, der Hahn erscheint durch den großen Schwanz noch größer. Er ist ein imposanter Schönling.

An wen erinnern die mich bloß?

Falls Sie sich das auch schon beim Lesen dieses Rasseporträts gefragt haben, blättern Sie mal auf Seite 92 zu den Vorwerk-Hühnern. Gleiche Zeichnung, gleiche Größe, andere Farbe. Und wirklich hatte die Erzüchtung der Vorwerk-Hühner etwas mit den Lakenfeldern zu tun. Worin ihre Verbindung besteht? Wir wollen hier dem großen Auftritt der Vorwerk-Hühner nicht vorgreifen. So viel sei aber gesagt: Lakenfelder sind seltener bei Ausstellungen oder in Gärten zu sehen als Vorwerk-Hühner und sie sind auch generell unbekannter. Lakenfelder wirken bei Geflügelausstellungen leider nicht so schön in der Ausstellungsbox und werden daher gern vom Publikum übersehen. Das kontrastierende Zeichnungsbild kommt durch die Gitterstäbe irgendwie nicht so schön zum Tragen. Wer Lakenfelder dagegen einmal auf einer grünen Wiese gesehen hat, wird dahinschmelzen.

Und in die Wiese und den Auslauf gehören sie auch hin! Lakenfelder wollen einen großen Freiraum, sie sind am liebsten den ganzen Tag unterwegs und suchen sich viel Futter selbst. Das setzen sie dann in köstlichste Eier um, nicht so sehr in Fleisch.

Gerade im Auslauf wirken Lakenfelder durch den Farbkontrast ungeheuer attraktiv.

Mechelner

Diese Rasse stammt aus Belgien. Und es sind Riesenhühner! Eine klassische Fleischrasse, das Masthuhn schlechthin. Mechelner scheinen gerade ein wenig in Mode gekommen zu sein. Aber das mag eine Momentaufnahme sein. Egal, freuen wir uns über diesen Moment!

Mechelner in Gesperbert.

Mechelner sind „Riesenviecher". Mir sagte mal ein Züchter: Wo man ein Mechelner Huhn hält, kann man auch fünf Zwerghühner halten. Na gut, das ist vielleicht etwas übertrieben. Mal davon abgesehen, dass man natürlich niemals ein einzelnes Huhn halten sollte. Aber als Sinnbild geht's in die richtige Richtung.

Mechelner stammen aus dem belgischen Mecheln und wurden 1891 erstmals im belgischen Standard aufgeführt. Sie sind große, etwas plumpe, der Fachmann sagt auch „rechteckig" gebaute Hühner, und das meinen wir absolut liebevoll. Die typische Bestrümpfung, also die leichte Befiederung der Läufe, trägt noch zum plumpen Aussehen bei. Es gibt sie in den Farbenschlägen gesperbert und weiß. In Weiß sind sie sehr selten.

Die Feder eines gesperberten Mechelners.

Traditionell wurden Mechelner in Belgien früher gern als sogenannte Stubenküken gezogen (in Deutschland auch Ramelsloher, Seite 84). Die Küken wurden im Haus („in der Stube") in der unwirtlichen und damit eher Küken-untypischen Zeit am warmen Ofen aufgezogen und früh als Delikatesse geschlachtet. Man wählte gern diese Rasse, weil schon die Jungtiere schwer sind und gut und schnell Fleisch ansetzen.

Die Stubenküken-Haltung ist heute völlig aus der Mode gekommen. Nicht so das Schlachten der erwachsenen Hühner. Mechelner sind für ihre außergewöhnlich gute Fleischqualität bekannt – und sie haben eine Menge Fleisch auf den Rippen! Wie die Deutschen Lachshühner von Seite 42 gehören auch sie zu den typischen Fleischhühnern mit hellem Fleisch und hellem Fett, was bei Gourmets am meisten geschätzt wird.

Neben der guten Fleischqualität punkten die Mechelner mit ihren inneren Werten: Es sind ganz ruhige Hühner, da ist rein gar nichts Nervöses dran. Bedenken muss man allerdings, dass die schweren Tiere – der Hahn wiegt bis zu 5 Kilo – jeden Tag auch ordentlich was wegfressen und selbstverständlich auch im großen Stile wieder herausbefördern. Das eine muss man ran-, das andere wegschaffen – darüber sollte man sich im Klaren sein.

Manchmal werden Mechelner als gute Leger beschrieben, das stimmt aber nicht ausnahmslos. Immerhin kann man durchschnittlich 160 Eier im ersten Legejahr erwarten. Und es wäre ja auch fast zu viel verlangt von einem einzelnen Huhn: ungewöhnlich viel Fleisch plus Rekorde im Eierlegen. Möglicherweise legen aber manche Linien noch besser. Wenn man ein Tier daraus erwischt, hat man einen Sechser im Lotto.

Mechelner in Weiß. Wer Mechelner halten will, sollte sich seinen Stall gut anschauen: Der Ausschlupf muss besonders bei der Haltung eines Hahns eine Nummer größer sein.

Nackthalshühner

Nackthalshühner polarisieren in der Hühnerwelt. Hier gibt es kein Ist-mir-doch-egal. Entweder man findet sie skurril-entzückend oder es schüttelt einen beim Anblick. So viel schon einmal vorab: Nein, sie frieren nicht am Hals!

Die Nackthalshühner sind keine verrückte Modeerscheinung, sondern sie zählen tatsächlich zu den „alten Hühnerrassen“. 1875 wurden das erste Mal Nackthalshühner bei einer großen Geflügelausstellung in Österreich präsentiert. Davor lag aber vermutlich schon eine längere Karriere als anspruchsloses Legehuhn. Sie stammen wahrscheinlich aus Siebenbürgen in Rumänien, daher waren sie einst auch als „Siebenbürger Nackthälse“ bekannt. So ganz genau kann die Entstehungsgeschichte aber nicht mehr zurückverfolgt werden. Auch in Ungarns ländlichen Gegenden sah man recht häufig Nackthalshühner auf den Höfen herumlaufen, da waren sie keine besondere Kuriosität, sondern gehörten einfach dazu. Das Merkmal der Nackthalsigkeit gab es aber nicht nur in Osteuropa, sondern auch in komplett anderen Gegenden, so findet man es zum Beispiel bei Rassen in Portugal. Das Nackte entstand wahrscheinlich durch Mutation und vererbt sich dominant, das heißt, alle reinrassigen Nachkommen tragen nackte Hälse, sodass die Vererbung dieses ungewöhnlichen Merkmals nicht so schwierig ist wie beispielsweise die Kurzbeinigkeit bei den Krüpern (Seite 64).

Auch wenn man ihnen fast nur auf den Hals starrt: Nackthalshühner werden in unterschiedlichen Gefiederfarben und -zeichnungen gezüchtet. Schwarz, weiß und gesperbert sind die ursprünglichen, alten Farbenschläge. Später kamen blau, rot und gelb, wildbraun und schwarz-weißgescheckt hinzu. Alle Farbenschläge sind selten; am häufigsten trifft man noch die schwarzen Tiere mit ihrem tollen Kontrast zum rötlichen Hals und Gesicht an. Es gibt sie überwiegend mit einem Einfachkamm, sehr selten auch mit einem Rosenkamm – und immer tragen sie einen kleinen Federschopf auf dem Kopf. Der nackte Hals ist beim Hahn leuchtend rot, bei den Hennen blasser, eher rosa. Ungewöhnlich ist außerdem, dass bei dieser Rasse nicht nur am Hals keine Federn ausgebildet werden, sondern auch an der Innenseite der Schenkel und am Bauch. Das machte sie einst für die Hühnerindustrie interessant (mehr dazu im Kasten).

Nackthalshühner sind jedenfalls ein echter Hingucker.

Weniger Federn in der Industrie

Nackthalshühner wurden vor gar nicht allzu langer Zeit versuchsweise in die Hybridhühnerzucht einbezogen. Warum? Man wollte nackte Körperpartien züchterisch auch in die Hybridlinien hineinbringen, um nach dem Schlachten weniger Federabfall zu erhalten – das war bei jedem Huhn zwar nur ein bisschen Einsparung, bei Tausenden Schlachttieren fiel das aber durchaus ins Gewicht. Und man darf vermuten, dass man damit auch die Kritik an der schlechten Federqualität der Legehühner in Legebatterien etwas zum Verstummen bringen wollte. Je weniger Federn die Hühner haben, desto weniger können abgestoßen und ramponiert aussehen. Weil Legebatterien mittlerweile verboten sind, hat sich auch die Federqualität der Hybrid-Legehühner verbessert und das Einkreuzen der Nackthalshühner war nicht mehr nötig.

Keine Frostbeulen

Obwohl ihr Äußeres das gar nicht vermuten lässt, sind es wahnsinnig robuste Tiere, frohwüchsig und garantiert nicht frierend. Versprochen. Im Gegenteil: Nackthalshühner sind gern bei Wind und Wetter draußen. Sie gehen den ganzen Tag auf Futtersuche, sofern sie einen entsprechend großen, abwechslungsreichen Auslauf haben. Zum Dank legen sie sehr gut. 140 bis 180 Eier im ersten Jahr sind möglich, manche Halter schwärmen gar von 200 Eiern. Nackthalshühner zeigen nach dem ersten Jahr eine flacher abfallende Legekurve als andere Rassen, sprich die Hennen legen über mehrere Jahre hinweg recht ordentlich. Andere Rassen schwächeln ab dem zweiten oder dritten Legejahr deutlicher.

Dazu gibt es eine nette Geschichte eines Bekannten: Er hielt sein halbes Leben Nackthälse. Als er heiratete, bat ihn seine Frau, „die hässlichen Hühner" doch bitte abzuschaffen. Der Bekannte gab nach und kaufte eine andere Rasse. Nach einer Weile überraschte die Frau ihren Mann mit dem Wunsch, doch bitte die Nackthälse wieder zurückzuholen. In puncto Legeleistung konnten die schicken Hühner den Nackthalshühnern nämlich bei Weitem nicht das Wasser reichen. Übrigens: Es gibt auch Zwerg-Nackthalshühner.

Von Menschen und Hühnern

Nackthalshühner haben ein sehr tolles, ruhiges Wesen und sind dem Menschen sehr zugewandt. Doch nicht immer sind die Menschen den Nackthalshühnern zugewandt. Manch einer begegnet den Tieren erstmal mit Argwohn, weil man sich gern vorstellt (oder eben lieber nicht) wie sich der nackte Hals wohl anfühlen mag. Manchmal ist es auch der Halter, dem Argwohn am Gartentor entgegenschlägt. Unwissende Passanten vermuten manchmal eine Extremzucht, eine Krankheit oder einen Angriff als Grund für die „ausgefallenen Federn" am Hals. Da hilft nur eins: Reden.

Ein kleiner Exkurs – fürs Kopfkino

Übrigens sind auch schon die Küken nackthalsig, wenn sie sich aus ihrem Ei pellen. Man stelle sie sich folgendermaßen vor: ein Flauschball, dann ein dünnes nacktes Hälschen, obenauf ein kleiner Federbausch. Sehen Sie es bildlich vor sich? Ja? – Na, noch skeptisch bezüglich Nackthalshühnern?

Deutlich sichtbar auch der Kropf – Henne in Weiß.

Orpington

Hier kommt ein schweres, plüschig befiedertes, wunderschönes Huhn. Träumen Sie mit: England im 19. Jahrhundert. Ein paar große, füllige Hühner schreiten gemächlich über die Wiesen der Grafschaft Kent. Im Hintergrund ein Herrenhaus …

So muss ein Orpington aussehen: ein volles Gefieder, bei dem sich die Federn gegenseitig stützen und kompakt den Körper umhüllen.

Orpington sind wuchtige, von den Proportionen vielleicht etwas plump erscheinende, aber sehr hübsche Fleischhühner aus Großbritannien. Benannt ist die Rasse nach Orpington House, dem Herrenhaus ihres Erzüchters. Sie entstand Ende des 19. Jahrhunderts und wurde 1886 erstmals in London präsentiert. 1888 kam sie schließlich nach Deutschland.

Es handelt sich um massige Tiere, zu diesem Eindruck trägt auch das füllige Federkleid bei – die Tiere wirken regelrecht aufgeplustert. Sie sollen laut Rassestandard eine „Würfelform" besitzen, durch die vielen Federn würde sie der Laie aber als gemütlich-rundlich beschreiben. Würfelform bedeutet natürlich nicht wirklich eckig, sondern dass die Länge, Breite und Tiefe des Körpers ungefähr die gleiche Länge haben sollten. Freilich nicht so „tief", dass Brust- und Bauchgefieder am Boden schleifen, aber wichtig ist: Der Körper muss richtig schön breit sein. Nichts von wegen schlankes Hühnchen!

Der typische Orpington-Farbenschlag ist gelb – also ein schönes helles Karamellbraun, ein bisschen wie ein Sahnebonbon (es gibt übrigens auch Orpington-Enten, die sind auch gelb). Orpington in Gelb bekommt man recht gut zu kaufen. Es gibt sie aber noch in weiteren alten Farbenschlägen: schwarz, weiß, blaugesäumt, rot, gestreift, rebhuhnfarbig-gebändert, braun-porzellanfarbig, schwarz-weißgescheckt. Etwas neuer sind gelb-schwarzgesäumt und birkenfarbig, nur wenige Jahre alt ist der kennfarbige Farbenschlag. Die meisten Tiere tragen einen Einfachkamm, die Farbenschläge gelb und schwarz gibt es (selten) auch mit Rosenkamm.

Vom Gemüt her sind sie ruhig, sie fliegen eigentlich gar nicht – irgendwie auch verständlich bei dem Kampfgewicht. Ruhe plus Schwere gleich Behäbigkeit. Aus diesem Grund neigt die Rasse auch nicht sehr zum Scharren. Wo sie aber hellwach werden, ist beim Fressen. Ließe man sie gewähren, sie würden Massen verschlingen. Wenn man jedoch eine gute Legeleistung haben will, sollte man schauen, dass sie zwar satt, aber nicht fett werden. Sonst lässt das Eierlegen nach. Orpington legen insgesamt eher mittelmäßig, 120 oder auch

Sitzt ein Orpington im Ausschlupf, müssen sich andere Hühner ziemlich dünn machen …

mal bis 160 nicht besonders große Eier sind im ersten Jahr der Schnitt. Vielleicht ein kleiner Hinweis für die Besucherinnen und Besucher von Geflügelausstellungen unter Ihnen: Bei diesen Präsentationen sind die Tiere in der Regel etwas „herausgefüttert", damit sie so schön rundlich aussehen. Wer viele Eier will, sollte sich etwas bremsen, bevor sie so rund wie in der Ausstellung sind. So oder so sind es Riesenhühner. Der Hahn ist besonders imposant; er bringt leicht 5 Kilo auf die Waage. Als gute Fleischrasse haben die Tiere helles Fleisch. Früher wurden sie als richtiges Nutzgeflügel betrachtet. Da viele heute nicht mehr schlachten möchten, sind Orpington eher zu einer Schaurasse geworden. Das macht aber nichts, Eier legen sie trotzdem.

Es gibt auch Zwerg-Orpington, mit gleicher Eierlege-Leistung und gleichem Temperament. Naturgemäß würden sie weniger Fleisch liefern, wenn man sie schlachten wollte.

Nicht so viel Weichfutter

Eine alte Hühnerhalter-Regel lautet: Was feucht rein geht, kommt auch feucht wieder raus. Weichfutter hat einen hohen Feuchtigkeitsanteil – und die Konsistenz des Kots fällt dann entsprechend aus. Da Orpington dermaßen reich befiedert sind, bleibt – bei ungünstiger Beschaffenheit der Ausscheidungen – gern eine „Bremsspur" am Flaumgefieder am Popo zurück. Daher Obacht mit dem Weichfutter.

Ostfriesische Möwen

Und hier das Kontrastprogramm zu den Orpington von der vorherigen Seite: die nur halb so leichten, aufgeweckten Ostfriesischen Möwen. Wie bitte, Möwen? Das lässt Böses erahnen. Wie hoch ist nochmal unser Gartenzaun, Schatz?

Zwei Junghennen in Silber-schwarzgeflockt.

Gleich einmal zur Beruhigung: Den Namen „Möwe“ hat die Rasse nur bedingt wegen ihrer Flugkünste bekommen, vielmehr weil die Hühnerküken wie Möwenküken aussehen. Puh, Glück gehabt. Trotzdem sind es agile, leichte Tiere, die angesichts ihres Bewegungsdrangs viel Platz brauchen und ja, auch gut fliegen können.

Vorläufer dieser Rasse kamen vor etwa 200 Jahren nach Ostfriesland und angrenzende niederländische Regionen. Man nannte sie Holländische oder Ostfriesische Totleger oder Alltagsleger. Sie sahen damals aber noch anders aus, die heutige Flockung, die so typisch für die Rasse ist, wurde erst nach 1900 herausgezüchtet.

Der klassische Farbenschlag der Ostfriesischen Möwen heißt silber-schwarzgeflockt, wenig später kam noch gold-schwarzgeflockt hinzu. Man nennt sie manchmal auch verkürzt „Silbermöwen“ und

„Goldmöwen“. Geflockt ist ein Farbenschlag, der schöne schwarze Tüpfelchen, Flocken eben, im Federkleid zeigt. Es kommt nicht von ungefähr, dass sie mit den Sprenkelhühner-Rassen Brakel, Hamburger und Westfälische Totleger (Seiten 38, 56 und 96) verwandt sind. Von Nahem betrachtet zeigt jede Feder links und rechts vom Federkiel reiskorngroße schwarze Flecke auf weißem oder goldenem Grund. Besonders schön zeigt sich das Muster am Rücken der Tiere. Kopf und Hals sind immer einfarbig, Einfachkamm und Kehllappen leuchtend rot. Markanter, weil kontrastreicher im Gefieder, wirken die silbernen Möwen. Die goldenen erscheinen von Weitem eher bräunlich. Die Silbermöwen sind schon immer häufiger anzutreffen – und werden auch häufiger angeboten.

Doppelgänger aus Holland

In den Niederlanden gibt es noch die Groninger Möwe (Groninger Meeuw). Sie sieht im Grunde genauso aus wie die Ostfriesische Möwe, ist aber etwas leichter. Der Laie, manchmal auch der Profi, kann die beiden Rassen kaum auseinanderhalten.

Frauen in Führungspositionen

Bei den Ostfriesische Möwen handelt es sich um eine sogenannte Hennenzucht (Seiten 40 und 61), das heißt, nur die Henne zeigt die gewünschte Flockung in Silber oder Gold. Der Hahn ist mehr oder weniger einfarbig Silber oder Gold mit schwarzem Schwanzgefieder.

Die Hennen legen weiße, vergleichsweise kleine (um die 50 Gramm) Eier, dafür legen sie aber recht ordentlich, bis zu 160 Stück im ersten Legejahr. Ihr Fett ist weiß, aber es ist nicht viel dran an ihnen.

Federn von Silber- und Goldmöwen.

Von kleinen und großen Vögeln

Zwerg-Möwen gibt es auch. Wenn die Großrasse schon klein und zierlich ist, ist die Zwergrasse wirklich klein! Dennoch ist sie häufiger anzutreffen als die großen Verwandten und auch bei den Kleinen gilt: in Silber häufiger als in Gold.

Interessant noch zum Schluss: Sowohl die Kleinen als auch die Großen scheinen recht greifvogelsicher im Auslauf zu sein, so die Erfahrung der Halter und Züchter. Das ist natürlich keine Garantie. Aber die Tiere sind sehr beweglich und somit ein schlechtes Angriffsziel für Habicht und Co., zudem gelten sie als schlau und wachsam.

Drei „Silbermöwen“.

Plymouth Rocks

Es gibt wahrscheinlich keine andere Rasse, die die Streifung der Federn in dieser Perfektion zeigt wie die Plymouth Rocks. Es handelt sich um wirklich stattliche Nutzhühner aus den USA. Übrigens: Wenn Sie Schwierigkeiten haben, den Rassenamen korrekt auszusprechen, verkürzen Sie lässig auf „Ply-Mo" – das machen sogar viele Züchter so.

Die Rasse stammt aus der Stadt Plymouth in den USA; hier entstand sie um 1850. Somit ist klar, woher der Namensteil „Plymouth" kommt. Und „Rocks", also Felsen? Das soll sich wohl auf die „felsenfeste Gesundheit" der Tiere beziehen. Wenn das kein gutes Omen ist!

Ab 1880 war ein wahrer Boom dieser Rasse in den USA zu beobachten, so robust und wirtschaftlich unschlagbar präsentierte sie sich. Sogar von „Nationalhuhn" war die Rede. Und der Ruf einer Super-Rasse eilte den Plymouth Rocks dann nach Europa voraus. Die ersten dorthin und dann Ende des 19. Jahrhunderts auch nach Deutschland gebrachten Tiere waren bereits gestreift. 1909 wurde die Streifung in Deutschland züchterisch verfeinert – und über ihre Leistung wurde gestaunt. Plymouth Rocks sind Zweinutzungshühner wie sie im Buche stehen – groß, massig, mit jeder Menge Fleisch auf den Rippen und mit viel Engagement beim Eierlegen. Plymouth Rocks erbringen wirklich volle Leistung in beiden Disziplinen. Früher wurden sie aus diesem Grund gern und häufig gehalten.

Dann kamen die Lege- und Masthybriden und brachten noch mehr Leistung. Und das Plymouth-Rocks-Huhn geriet in Vergessenheit. In der Großrasse ist es heute superselten zu finden. Der Laie sagt sich vielleicht: Hab' ich doch letztens erst bei der Geflügelausstellung gesehen ... No! Wahrscheinlich waren es Amrocks. Optisch ähnlich, aber doch nicht dasselbe! Man hat wirklich Schwierigkeiten, an Plymouth-Rocks-Tiere oder -Bruteier zu kommen. Zwerg-Plymouth-Rocks sind noch einigermaßen gut erhältlich.

In Gestreift sind sie federführend

Der Hauptfarbenschlag, der, für den Plymouth Rocks berühmt sind, ist gestreift. Bei einem gestreiften Farbenschlag sind die Querstreifen in Schwarz-Weiß auf den Federn ganz klar abgegrenzt, die Kontraste deutlich herausgearbeitet. Im Vergleich dazu ist ein gesperbertes

Hahn und Henne in Gestreift.

Gefieder, das dieselben Farben zeigt, eher Wischiwaschi (mehr dazu auch auf Seite 51). Man versucht, die Plymouth Rocks so zu züchten, dass die Streifung möglichst gerade auf den Federn sitzt. Übrigens ist auch das Untergefieder gestreift. Davon heben sich die gelben, kräftigen Läufe wunderbar ab.

Plymouth Rocks haben vergleichsweise schmale Federn, denn darauf lässt sich die akkurate Streifung besser erreichen. Die schmale Feder ist kein primäres Züchtungsziel, wird aber automatisch mit erzüchtet, wenn man immer die Tiere mit der schönsten Zeichnung zur Weiterzucht auswählt. Das ist ähnlich wie bei den gesäumten Farbenschlägen der Deutschen Wyandotten, bei denen automatisch mit auf eine festere Feder hingezüchtet wird (Seite 53).

Die Federn liegen straff am Körper an. Im Gegensatz zu den ähnlich großen Orpington, die „plüschiger" sind und mit der Federfülle viel kaschieren, zeichnen die Federn der Plymouth Rocks die Körperkonturen sehr gut nach. Daher können Sie auch bedenkenlos mit Weichfutter gefüttert werden, eventuelle Federverschmutzungen durch die Konsistenz des Kots sind nicht zu erwarten (Seite 77).

Federn in Gestreift.

Es gibt übrigens auch noch andere Farbenschläge: einfarbig schwarz oder weiß, die zusammen mit gestreift die alten Farbenschläge darstellen, später kamen noch einfarbig gelb hinzu, außerdem weiß-schwarzcolumbia, silberfarbig-gebändert sowie rebhuhnfarbig-gebändert. All diese übrigen Farbenschläge sind sehr, sehr selten. Typisch ist wirklich die Streifung. Aber selbst von diesen Tieren bekommt man heute nur wenige zu Gesicht.

Und diese Seltenheit ist auch das Problem beim Weiterzüchten. Natürlich möchte man die tolle Leistungsfähigkeit der Rasse erhalten. Das ist aber schwierig, wenn es nicht so viele Exemplare gibt. Hinzukommt, dass man beim Züchten aufpassen muss, dass die sogenannte Asiatische Gefiederbremse nicht überhandnimmt (siehe Kasten).

Ein Stamm gestreifter Plymouth Rocks.

Plymouth Rocks fliegen schon aufgrund ihrer Masse nicht übermäßig und sie sind relativ ruhige Hühner. Ähnlich ruhig wie die Wyandotten. Da sie aber besser legen als Wyandotten, waren sie beliebter als diese (bis 180 Eier im ersten Jahr). Dann kam wie gesagt das Hybridhuhn und hat beiden den Rang abgelaufen.

Die Küken des gestreiften Farbenschlags sind kennfarbig, also die Geschlechter zeigen sich schon bei wenige Tage alten Tieren: Das kleine Hähnchen hat einen diffusen Fleck im Kopfgefieder und ist im Flaum heller, die Henne einen deutlicheren, klareren Kopffleck.

Für den Smalltalk unter Hühnerhaltern

Zum Schluss noch eine Frage: Angeln Sie gerne? Dann haben Sie vielleicht doch schon von den Plymouth Rocks gehört! In manchen Anglerkreisen sind die Halsfedern der Hähne nämlich sehr beliebt. Sie fertigen aus ihnen Fliegen zum Ködern.

Asiatische Gefiederbremse

Hierbei handelt es sich um ein genetisches Defizit, wohlgemerkt keine Krankheit, das Küken langsamer befiedern lässt als Gleichaltrige. Diese Tiere erhalten erst später als andere Junghühner ihr richtiges Federkleid und sehen zwischenzeitlich sehr ramponiert aus. Das betrifft besonders Hähne. Später „verwächst“ sich dieses Problem und die Tiere gackern, legen und erfreuen sich des Lebens wie alle anderen. Trotzdem versucht man beim Züchten, das Potenzial für die Asiatische Gefiederbremse klein zu halten. Manche Rassen sind anfälliger dafür als andere.

Ramelsloher

Ramelsloher-Hühner waren leider nie wirkliche Stars der Hühnerwelt. Nur in Norddeutschland waren sie einst gut verbreitet. In der Region rund um die Stadt Ramelsloh waren sie regelrechte Allerweltshühner. Nicht so andernorts. Die Rasse blieb überwiegend ein Geheimtipp. Höchste Zeit, sie Ihnen vorzustellen.

Ein Prachtexemplar von einem gelben Hahn.

Vorläufer der Ramelsloher fanden sich schon sehr früh im Kloster Ramelsloh in der Nähe von Hamburg, manche Quellen sagen bereits im 17. Jahrhundert. Sie wurden überwiegend als Stubenküken genutzt. Ein Reeder aus Hamburg nahm sich dann ihrer an, züchtete die Rassemerkmale heraus, gab der Rasse den Namen und präsentierte sie erstmals 1874 in Hamburg.

Danach entwickelte sich ihr Ruf, sehr gut zu legen und wunderbar als Stubenküken geeignet zu sein. Stubenküken waren Küken, die im Winter „in der Stube" neben dem Ofen aufgezogen, gemästet und schließlich nach wenigen Wochen geschlachtet wurden. Da man die Aufzucht von Stubenküken nicht mehr toleriert und praktiziert und es auch andere – hübschere – Rassen gibt, die gut legen, sind Ramelsloher heute selten gehaltene Tiere. Sie waren einfach nicht interessant genug; da machte anderes Federvieh auf dem Hühnerhof mehr her. Man kennt die Ramelsloher nur einfarbig in Weiß und Gelb. Weiß ist der bekanntere Farbenschlag.

Die Hühner besitzen schieferblaue Läufe, die sehr charakteristisch sind (die Stadt Ramelsloh hat sogar einen weißen Ramelsloher-Hahn im Stadtwappen). Auch die Schnabelfarbe ist ungewöhnlich bläulich, die Augen rabenschwarz. Weiße Ramelsloher neigen bei ihrer Gesichtshaut zudem häufig zu einem bläulich-gräulichen Anflug – das ist Geschmackssache. Auch die Ohrscheiben sind bläulich – was in diesem Falle aber leider nicht auf blaue Eier hindeutet (wie Ohrscheiben und Eierschalenfarbe normalerweise bei Hühnern zusammenhängen, erfahren Sie im Kasten). Wenn man ehrlich ist, gibt es schönere Hühner – im Sinne von optisch besonderer.

Die Nutzung obsolet, die Optik na ja. Der Niedergang der Rasse war also besiegelt bzw. es bestand keine Motivation, die Rasse weit zu verbreiten. Daher ist sie heute schwer zu bekommen. Eine Zwergform gibt es nicht.

Trotzdem ein liebevolles Plädoyer für die Ramelsloher: Man kann die Stubenkükenzucht natürlich kritisieren, aber die Rasse ist dennoch, oder gerade wegen ihrer besonderen traditionellen Nutzung, ein Stück Kulturgut. Die Tiere mögen nicht die schönste Federzeichnung haben, aber es sind tolle Tiere, sie legen gut (120 bis 170 weiße Eier im ersten Jahr) und gelten auch als gute Winterleger. Sie werden recht zutraulich und fliegen nicht sehr, was ein wenig verwundert, schließlich sind es keine sonderlich schweren Tiere. Es wird wohl an ihrem wunderbaren Charakter liegen!

Was die Ohrscheiben verraten

Die „Ohrläppchen" der Hühner verraten die Farbe der Eier, die die Rasse legt. Weiße Ohrscheiben deuten auf weiße Eierschalen, rote Ohrlappen auf braune. Nur Rassen, die grünlich-bläuliche Eier legen, verraten sich durch ihre Ohranhänge nicht.

Hahn mit Henne im seltenen gelben Farbenschlag.

Rheinländer

Es ist nicht schwer zu erraten: Diese Rasse stammt aus dem Rheinland, genauer gesagt aus der Eifel. Sie ist bekannt für ihre sehr gute Legeleistung. Diese ist so gut, dass die Rasse einst gar mit den „Superhühnern" New Hampshire und Plymouth Rocks aus den USA mithalten konnte.

Die Rasse wurde 1894 aus Eifeler Landhühnern herausgezüchtet. Das Augenmerk lag auf der Legeleistung und der Anpassung an die klimatischen Bedingungen des Mittelgebirges. Wenig später wurde noch die französische Landhuhnrasse Le Mans eingekreuzt, die das samtene schwarze Gefieder und die gute Fleischqualität mitbrachte, auch Italiener mischten bei der Entstehung dieser Rasse wohl mit. Fertig war ein robustes, wenig krankheitsanfälliges Legehuhn, das auch noch einen guten Braten abgab.

Rheinländer sind in vielen Farbenschlägen erhältlich: Die älteren Farbenschläge sind schwarz und weiß, blaugesäumt, silber- und rebhuhnhalsig sowie gesperbert. Die Farbenschläge neueren Datums heißen blau-rebhuhnhalsig, orangehalsig und der bei vielen Rassen vorkommende Farbenschlag weiß-schwarzcolumbia. Ganz frisch sozusagen, seit 2018, sind auch kennfarbige Rheinländer anerkannt. Zwerg-Rheinländer gibt es in denselben Farbenschlägen wie die Großrasse, bis auf kennfarbig.

Rheinländer tragen im Vergleich zu anderen Rassen sehr breite Federn, besonders am Schwanz ist das deutlich zu sehen. Um den Wetterbedingungen der Eifel gerecht zu werden, züchtete man sie zudem mit einem Rosenkamm. Diese vergleichsweise kleine, kompakte Kammform ist überhaupt nicht anfällig für Erfrierungen im Winter.

Wo wir gerade beim Kopf sind: Rheinländer tragen weiße Ohrscheiben und legen somit auch weiße Eier. Bis 140 Stück werden ihnen locker zugestanden, manche Halter schwören sogar darauf, dass sie die 200-Eier-Grenze im ersten Legejahr knacken. Die Hennen fallen nach dem ersten Legejahr auch nicht so stark in der Legeleistung ab, wie es bei anderen Rassen der Falls ist. Sie sorgen einige Jahre lang ganz gut fürs regelmäßige Frühstücksei. Wie alle guten Legerassen neigen Rheinländer-Hennen kaum zum Brüten.

Alle Farbenschläge sind gut verbreitet, am häufigsten die schwarzen. Recht beliebt sind auch rebhuhnhalsige Rheinländer, denn diese legen immer gut. Wohingegen die schwarzen Hennen, wenn bei der

Rheinländer in Schwarz.

Zucht zum Beispiel eher auf ein schönes sattes Schwarz geachtet wurde, schon mal etwas weniger Legefreude zeigen können.

Die Tiere sind groß und stattlich, aber alles andere als gemütlich. Im Gegenteil: Sie sind agil und brauchen einen großen Auslauf. Das haben sie mit allen klassischen Landhühnern gemein, die für die Freilaufhaltung gezüchtet wurden: Sie wollen und müssen laufen. Wenn man sie beengt hält, neigen die Landrassen im Allgemeinen und die Rheinländer im Speziellen zum Federpicken. Denn wenn sie sich nicht auf ihre natürliche Art und Weise – vor allem mit der eigenschnäbligen Futtersuche im Auslauf – selbst beschäftigen können, kommen sie manchmal auf dumme Gedanken. Problematisch kann das Picken besonders bei den schwarzen Tieren sein, weil man als gelangweiltes Huhn hier die weißen Ohrscheiben so kontraststark aus den schwarzen Federn herausleuchten sieht und schon mal auf die Idee kommt, reinzupicken. Außerdem glitzern bei schwarzen Hühnern die frischen Federkiele, wenn während der Mauser die neuen Federn wachsen, auch das animiert leider zum Picken.

Das schwarze Gefieder zeigt Grünglanz.

Sundheimer

Sundheimer sind bekannte Zweinutzungshühner. Sie stammen aus Sundheim, heute ein Teil der Stadt Kehl, nahe der französischen Grenze. Sie ist die einzige Hühnerrasse, die in Baden-Württemberg erzüchtet wurde, und die älteste Zweinutzungsrasse Deutschlands.

Die Sundheimer-Hühner waren so etwas wie die deutsche Antwort auf die berühmten französischen Fleischrassen wie La Flèche und das Bressehuhn. Sie wurden ursprünglich ebenfalls als Fleischhuhn erzüchtet, Züchtungsziel waren leicht mästbare Tiere. Ab 1920 wurde die Rasse etwas leichter als ursprünglich gezüchtet, womit man die Anhebung der Legeleistung erreichen wollte, sodass heute ein sehr leistungsstarkes Zweinutzungshuhn vor uns steht. Einen Einbruch erlebte die Rasse während des Zweiten Weltkriegs, um ein Haar wäre sie verloren gegangen. Aber sie erholte sich.

Es gibt die Sundheimer – Große wie Zwerge – in nur einem einzigen Farbenschlag: weiß-schwarzcolumbia. Das heißt, es sind weiße Hühner mit schwarz gestricheltem Hals und schwarzem Schwanz und

Schwingen. Die Beschränkung auf einen Farbenschlag tat der Rasse gut. Anstatt sich in verschiedenen Farbenschlägen zu verzetteln, konzentrierten sich alle Sundheimer-Züchter auf diese eine Variante.

Sundheimer zeigen eine leichte Bestrümpfung an den Beinen, dies zeigt, dass das Deutsche Lachshuhn bei der Erzüchtung mit von der Partie war – ihre Fünfzehigkeit haben die Lachshühner aber nicht mit vererbt (Seite 44), Sundheimer haben wie die meisten Hühner nur vier Zehen ... aber dies nur am Rande. Sie haben helle fleischfarbene Läufe, helles Fleisch und helles Fett, dazu einen guten Fleischansatz – perfekt also für einen Braten und eine kräftige Hühnerbrühe. Es ist aber kein Huhn, das aufgrund seiner schlichten Masse prädestiniert zum Schlachten ist, nein, Sundheimer sind vor allem für das zarte, gut schmeckende Fleisch berühmt.

Sie punkten aber nicht nur mit ihrer Fleischqualität, sie legen auch sehr gut. 180 cremefarbene (einzelne Linien auch hellbraune) Eier im ersten Legejahr sind locker drin, manche berichten auch von 200 Eiern und mehr. Auch sind Sundheimer gute Winterleger.

Die Bestrümpfung ist gut sichtbar.

Bei all den Vorzügen sind sie obendrein unkompliziert in der Haltung. Sie sind ruhig und fliegen ohne gravierenden Anlass nirgendwo drüber. Wie alle guten Legerinnen brüten die Hennen nicht.

Lange Zeit waren Sundheimer so etwas wie ein Geheimtipp: viele Eier und am Ende der besten Legejahre ein tolles Fleischhuhn. Sie waren wie gesagt im Zweiten Weltkrieg fast untergegangen, kurz vor der Jahrtausendwende auch noch einmal in ihrem Bestand arg gefährdet. Zur Zeit erlebt die Rasse aber wunderbarerweise eine ungeheure Nachfrage – sowohl die Großrasse als auch die Zwergrasse. Das lag nicht zuletzt am sehr engagierten Sonderverein, der die Verbreitung angekurbelt hat. An diesem Beispiel sieht man gut, wie nah Gefährdung und Boom beieinanderliegen können. Stand heute könnten die Sundheimer von der Roten Liste gestrichen werden. Aber das Blatt kann sich schnell wieder wenden.

Sundheimer-Hahn mit zwei Hennen.

Thüringer Barthühner

Landläufig sind diese Hühner unter der Bezeichnung „Pausbäckchen" bekannt und das kommt nicht von ungefähr. Ihr ungewöhnlicher Bart nimmt das halbe Gesicht ein und ist ein sehr markantes Erkennungsmerkmal.

Thüringer-Barthuhn-Hahn in Silber-schwarzgetupft.

Die Vorläufer dieser Rasse findet man bereits Mitte des 18. Jahrhunderts im Thüringer Wald. Bei der Erzüchtung waren vermutlich Paduaner und Otterköpfe, eine mittlerweile ausgestorbene Rasse, beteiligt. Und das Engagement beim Züchten war groß: 1880 zählte man schon zwölf Farbenschläge der damals „Thüringer Pausbäckchen" genannten Rasse.

Heute hält man vor allem die Farbenschläge schwarz, weiß oder gelb, blaugesäumt oder rebhuhnhalsig und gesperbert, weiterhin Getupfte – gold-schwarzgetupft, silber-schwarzgetupft, chamois-weißgetupft. Letztere sind angesichts ihrer interessanten Zeichnung schon immer sehr beliebt. Chamois bedeutet ein schöner warmer Cremeton, chamois-weißgetupft sieht ein bisschen so aus wie Schneeflocken auf Karamell … herrlich. Man bekommt alle Farbenschläge eigentlich ganz gut zu kaufen.

Mit Bart …

Unter den Augen und unter dem Schnabel tragen die Tiere einen dichten Federbart. Wichtig ist, dass der Federschmuck ungeteilt ineinander übergeht – also nicht wie Kinnbart und Koteletten, sondern wirklich wie ein rauschender Vollbart. Das ist ungewöhnlich und richtig hübsch und stellte in früheren Zeiten sogar noch einen Vorteil bei der Haltung dar. Ihre Heimat, der Thüringer Wald, ist ein eher kühles, klimatisch ungemütliches Fleckchen. Mit Kälte kommen Barthühner, generell alle Hühner, gut zurecht. Feuchtigkeit plus Kälte, das ist die problematische Konstellation: Erfrierungen an Kamm und Kehllappen, also an den unbefiederten Körperteilen, könnten die Folge sein. Heute achtet man beim Stallbau sehr auf Trockenheit (auch Sie als Hobbyhalter sollten das tun). Früher jedoch, als die Ställe dann doch manchmal schlechter belüftet und somit nicht optimal trocken waren, waren

Thüringer Zwerg-Barthuhn-Hahn in Gold-schwarzgetupft.

Thüringer Barthühner gern gewählte Nutztiere. Bei ihnen kam es viel seltener zu Erfrierungen als bei anderen Rassen, waren doch die Kehllappen durch die Federn der Bärte gut geschützt. Auch hat diese Rasse kleinere Kehllappen als andere Rassen, aber man sieht sie sowieso nicht, da sie durch den Federbart verdeckt sind.

Aufpassen muss man bei der Fütterung der Thüringer Barthühner, wie bei allen barttragenden Hühnern, mit dem Weichfutter. Ist es zu weich oder wird es zu reichlich verfüttert, bleibt es gern am Bart kleben und animiert die anderen Hühner zum Picken. Gepaart mit Langeweile kann das auch in Federpicken ausarten (Seite 41).

Überhaupt lässt sich an der Herkunft der Rasse wunderbar die Robustheit dieser Tiere ablesen. Und wer traditionell aus rauen Regionen kommt, den hindern meist auch niedrige Wintertemperaturen nicht am Eierlegen.

Thüringer-Barthuhn-Henne in Chamois-weißgetupft.

... und lauter Stimme

Thüringer Barthühner sind agile, leichte Kerlchen. Sie wiegen zwei oder zweieinhalb Kilo und laufen gern. Sie überfliegen Zäune spielend, wenn sie wollen. Aber in einem sind sie groß: im Krähen, besonders die Thüringer Zwerg-Barthühner. Sie haben eine laute Stimme und sind ein bisschen schräg im Tonfall. Vielleicht hilft die Tatsache, dass sie superzutraulich werden, etwas über ihre nicht vorhandene Musikalität hinweg. Thüringer Barthühner können nicht nur possierlich aussehen, sie liefern auch manierlich Eier. Im ersten Legejahr kann man 140 Stück erwarten, möglicherweise auch mehr. Die Eier haben eine weiße Schale, was man auch an den weißen Ohrscheiben erkennen könnte (Seite 85) – tja, wenn diese nicht vom Bart verdeckt sein würden.

Auch als Fleischhuhn kann man sie nutzen, die Fleischmenge ist ihrer Größe entsprechend aber eher mager. Dennoch: Früher waren Thüringer Barthühner typische Hühner für Selbstversorger: robuste, wetterfeste Zweinutzungshühner.

Vorwerkhühner

Um gleich mal all jenen den Wind aus den Segeln zu nehmen, die sagen „kenn ich doch!“: Diese Rasse hat nichts mit Staubsaugern oder mit dem Thermomix zu tun. Der Name der Rasse ist auf ihren Erzüchter zurückzuführen, der sie mal eben nach sich selbst benannt hat.

Der Hamburger Kaufmann Oskar Vorwerk machte es sich um 1900 herum zur Aufgabe, ein neues Huhn zu erzüchten. Sein Ziel war, das Zeichnungsbild der schönen Lakenfelder (Seite 68) auf eine andere Farbe zu übertragen. Er meinte, die Lakenfelder in ihrem Weiß-Schwarz sehen manchmal schmutzig aus. Die Grundfarbe Weiß sollte bei seiner Rasse also durch eine andere ersetzt werden. Und die neue Rasse sollte die Lakenfelder möglichst auch wirtschaftlich übertreffen. Natürlich waren auch Lakenfelder an der Erzüchtung dieser neuen Rasse beteiligt, daneben vor allem auch Orpington und Ramelsloher. 1906 wurde der Sonderverein gegründet, unter Vorsitz des Erzüchters höchstpersönlich.

Hahn mit Henne – Vorwerkhühner sind typische Landhühner.

Es gibt bei den Vorwerkhühnern nur den einen Farbenschlag. Der Körper ist goldbraun, Hals, Kopf und Schwanz sind schwarz, die Ohrscheiben schneeweiß – ein lebhafter Kontrast, der auffällt im Hühnerhof. Hahn und Henne sind gleich gezeichnet. Viele finden die Farbkombination Gold-Schwarz sehr apart, manche mögen sie auch gar nicht – alles reine Geschmackssache.

Vorwerkhühner haben in den letzten Jahren einen ähnlichen Boom erfahren wie die Sundheimer (Seite 88). Beides sind Zweinutzungshühner. Während bei den Sundheimern der Schwerpunkt mehr Richtung Fleisch geht, steht bei den Vorwerk die Legeleistung etwas mehr im Vordergrund (es ist einfach nicht so viel Fleisch an ihnen dran). Sie legen bis 180 cremeweiße Eier im ersten Legejahr.

Vorwerkhühner sind genügsame, unkomplizierte Hühner, sie suchen sich einen Großteil ihres Futters selbst im Auslauf. Sie sind nicht sonderlich schreckhaft, auch nicht träge. Alles in allem sind es nette Hühner. Die Hähne haben ein bisschen mehr Temperament, aber das ist ja bei fast allen Hühnerrassen so.

Bei Hobbyhaltern ist diese Rasse sehr beliebt, es gibt sie mittlerweile recht häufig, sowohl in der Großrasse als auch die Zwerge.

Vorwerkhühner gibt es nur in einem Farbenschlag.

Welsumer

Diese Rasse stammt aus Welsum in den Niederlanden. Sie stand schon immer ein bisschen in Konkurrenz zu den Barneveldern, ebenfalls aus den Niederlanden. Beide Rassen stehen mit ihrem Namen für ihre jeweilige Stadt, beide sind bekannt für eine gute Legeleistung … da ist ein gesunder Wettbewerb vorprogrammiert.

Welsumer-Henne in Rost-rebhuhnfarbig.

In Holland fielen einst Landhühner auf, die sehr große, braune Eier legten, und man merkte, dass die Kundschaft bereit war, für diese Eier mehr zu bezahlen. Klarer Fall! Man bemühte sich also, diese außergewöhnliche Legeleistung durch Selektion und Einkreuzung anderer Rassen zu festigen oder gar zu steigern. Von einer Zucht im eigentlichen Sinn, die ja immer auch das Ziel hat, die Tiere optisch ähnlich zu machen, konnte noch nicht die Rede sein. Die wirtschaftlichen Gesichtspunkte standen im Vordergrund. Erst seit 1911 befassten sich Züchter in Welsum näher damit und versuchten, eine einheitliche Rasse zu formen. Ursprünglich gab es zwei Schläge: ein leichterer, vergleichbar mit den Italienern, und ein schwerer, der die Basis der heutigen Welsumer bildete. 1919 wurden die Welsumer als Rasse in den Niederlanden anerkannt. 1925 kamen sie nach Deutschland.

Man muss sagen, Welsumer haben keine wahnsinnig spektakulären Merkmale aufzuweisen. Der ursprüngliche Farbenschlag heiß rostrebhuhnfarbig, er erinnert an die Wildfarbe der Wildhühner. Es gibt weiterhin orangefarbig und silberfarbig sowie perlgrau-orangefarbig. Orangefarbig ist in echt sehr viel unspektakulärer als es die Farbenbezeichnung vermuten lassen würde; wir bewegen uns hier im messingfarben-braunen Bereich. Interessant ist: Die Hennen haben auf dem Rücken, im sogenannten Mantelgefieder, helle Federkiele, die aus dem Gefieder herausleuchten – man bezeichnet das als Nervzeichnung. Das Federkleid sieht dadurch aus wie gestrichelt.

Aber das Gefieder ist für kaum einen Halter der Grund, sich für Welsumer zu entscheiden. Ehrlich gesagt sind die ewigen Konkurrenten, die Barnevelder, ausdrucksstärker gezeichnet (Seite 32). Nein, der Wow-Effekt der Welsumer zeigt sich im Legenest! Wie bereits gesagt legen sie ungewöhnlich große, herrlich dunkelbraune Eier – bis zu 90 Gramm schwer pro Ei (durchschnittlich sind es 55 Gramm bei einer Großrasse). Zum anderen haben die Eier ein entscheidendes Charakteristikum: Sie haben eine raue Schale! Auf der Schale befinden sich kleine Kalkablagerungen, die wie erhabene Pünktchen erscheinen und der Schale eine raue Haptik geben. Innerlich ist es aber ein ganz normales Ei.

Von Welsumern kann man im ersten Legejahr bis 160 Eier erwarten. Was angesichts der Eiergröße allerhand ist, denn die besondere Leistung, die sich in einem einzelnen Ei bündelt, hat Auswirkungen auf die Legeleistung insgesamt. Um diese Leistung zu stemmen, brauchen sie viel Energie, das heißt, die Tiere müssen dafür viel fressen und hochwertig ernährt werden, auch mit Legemehl. Am Ende ihrer Legeperiode geben sie einen guten Braten ab, falls man sie schlachten möchte.

Welsumer sind relativ gut zu bekommen, vor allem auch die Zwerg-Welsumer. Letztere wurden übrigens in Deutschland erzüchtet und legen für ein Zwerghuhn gigantisch große Eier. Diese haben schon mal über 50 Gramm, sind also so schwer wie die Eier mancher Großrasse – Hut ab! Die Zwerge sind ein wenig schreckhaft, die Großen sind immer die Ruhe selbst.

Der Hahn bei den Rost-rebhuhnfarbigen ist farbenfroher als die Henne.

Westfälische Totleger

Ihr Name klingt etwas martialisch. Dabei haben die Westfälischen Totleger gar nichts mit Mord und Totschlag zu tun, sondern sind Opfer der Übertragung eines Dialektworts ins Hochdeutsche. Eigentlich heißen sie „Dauerleger“ – das klingt doch schon sehr viel freundlicher, oder?

Diese aus Westfalen stammende Rasse gehört zur Spenkelhuhn-Verwandtschaft der Brakel, Hamburger-Hühner und Ostfriesischen Möwen (Seiten 38, 56 und 78). Vorläufer gab es vermutlich schon Ende des 17. Jahrhunderts.

Auch die Ostfriesischen Möwen trugen früher den aus heutiger Sicht unsympathischen Namen: Ostfriesische Totleger. Damals rief das allerdings keine negativen Assoziationen hervor: „Totleger“ bedeutet einfach „Dauerleger“, vom niederdeutschen Wort „Doudtleijer“. Und damit ist vieles gesagt: Westfälische Totleger sind gute Legehühner. Mindestens 140 weiße Eier sind im ersten Legejahr zu erwarten, manche sprechen gar von bis zu 200 Eiern.

Früher auf jedem westfälischen Bauernhof zu Haus

Um 1900 war diese Rasse ein geschätztes, allgegenwärtiges Wirtschaftshuhn. Auf den Bauernhöfen Westfalens war es das Huhn schlechthin! Die Totleger waren selbstständige Gesellen, die sehr gut darin waren, sich selbst Futter zu suchen. Für großes Bemuttern der Hühner war auf den Bauernhöfen keine Zeit. So wurde früh die Hühnerklappe geöffnet, die Hühner gingen raus und waren tagsüber sich selbst überlassen. Abends ging's zurück in den Stall, Handvoll Körner in die Einstreu, gute Nacht.

Die Westfälischen Totleger hießen auch nicht schon immer so. Früher nannte man sie schlicht „Alltagsleger“, was ebenso auf ihre unverwüstliche Legeleistung hinweist. Erst 1904 erfolgte die Umbenennung in Totleger.

Einen Dämpfer erfuhr die beliebte Rasse nach dem Ersten Weltkrieg, als neue, ausländische Rassen nach Deutschland kamen. Die Westfälischen Totleger, ihres Zeichens Sprenkelhuhn, sind lebhaft und lauffreudig, und plötzlich gab es Rassen, die weitaus mehr Eier legten.

Westfälische Totleger in Gold sind auffällig unauffällig hübsch.

Als dann vielerorts die Hofflächen kleiner wurden, hat man endgültig eher ruhigeren Rassen den Vorzug gegeben. Und überhaupt: Mit dem Aufkommen der Hybridhühner erfolgte sowieso eine Zäsur. Im Vergleich mit den Legehybriden mussten alle herkömmlichen Rassehühner den Hut ziehen.

Nur in Silber und Gold

Westfälische Totleger sind nur in den Farbenschlägen silber und gold erhältlich. Nie gab es ernsthafte Bestrebungen, andere Farbenschläge zu erzüchten. Ihre Federzeichnung ist weder gebändert wie bei den Brakel noch geflockt wie bei den Ostfriesischen Möwen. Das Zeichnungsbild am Körper, Schwanz und an den Flügeln liegt irgendwo dazwischen, sieht alles in allem etwas unruhig aus und wird als „gesprenkelt" bezeichnet. Der Hals wirkt wie bei den Ostfriesischen Möwen mehr oder weniger einfarbig: weiß („silber") oder gold.

Die schöne Federzeichnung der Henne.

Im Gegensatz zu den verwandten Brakeln mit Stehkamm zeigen die Westfälischen Totleger einen Rosenkamm. Sie haben blaue Läufe und weiße Ohrscheiben. Der aufmerksame Leser weiß jetzt: Aha, sie legen weiße Eier! (Was die Eierschalenfarbe mit den Ohrscheiben zu tun hat? Blättern Sie mal zurück auf Seite 85!)

Heute selten

Westfälische Totleger sind heutzutage nicht so häufig anzutreffen, obwohl sie sehr markant aussehen. Die goldenen Totleger sind dabei noch seltener als die silbernen. Möglicherweise sind Letztere beliebter, weil der Kontrast im Federkleid deutlicher hervortritt und Hühnerhalter dies attraktiver finden? Oder weil die silbernen etwas ruhiger sind als Tiere des goldenen Farbenschlags? Generell gelten Westfälische Totleger als sehr munter und ein bisschen schreckhaft. Wer sich fragt, ob die Zwergrasse eine Option wäre: Westfälische Totleger gibt es nicht in der Zwergform.

Sprenkelhühner

Sie hat man zu einer Gruppe zusammengefasst, da sie erstens recht nah verwandt sind, zweitens allesamt mehr oder weniger gesprenkelt sind und dadurch zu ihrem Namen kamen und drittens ein lebhaftes Wesen besitzen. Zu den Sprenkelhühnern gehören Brakel, Hamburger, Ostfriesische Möwen, Westfälische Totleger, Assendelfter und Friesenhühner.

Gut sichtbar ist der Rosenkamm.

Kurz und knackig – das Wichtigste zur Haltung alter Rassen

Der Stall

Das Beste vorab: Hühner alter Rassen sind nicht empfindlicher als neue Züchtungen. Im Gegenteil: Da sie häufig von Landhühnern aus teils unwirtlichen Gegenden abstammen, findet sich noch etwas Unverwüstlichkeit in ihren Genen. Den Anfang der artgerechten Hühnerhaltung macht ein sicherer, trockener Stall.

Hühner brauchen nicht unbedingt ein festes Gebäude als Stall. Wer jedoch einen Schuppen oder ein Gerätehäuschen (kein Metallhaus) umfunktionieren kann, hat einige Vorteile. Das wetterfeste „Haus" ist quasi schon fertig und muss nur noch hühnergerecht angepasst werden.

Wer diese Voraussetzungen nicht besitzt, kann einen fertigen Geflügelstall im Fachhandel kaufen oder mit Geschick und helfenden Händen selber bauen. Selberbauer können einen kleinen Stall für wenige Hühner vielleicht sogar mobil gestalten, mit Rädern darunter. So kann der Stall im Auslauf oder Garten versetzt werden, sodass die Hühner immer frisches Gras unter den Füßen haben. Literatur zum Thema Stallbau gibt es im Service auf den Seiten 124.

Die Größe

Die Größe des Stalls hängt vor allem von den Hühnern ab: Anzahl, Größe und Temperament spielen eine Rolle. Größe und Temperament können von Rasse zu Rasse beträchtlich abweichen. Je größer und lebhafter die Rasse, desto mehr Platz muss man pro Tier einplanen. Dabei kann man keine genauen Quadratmeterzahlen nennen. Ein Zuviel an Platz im Stall gibt es nicht. Ein Zuwenig dagegen schon! Die Hühner müssen nicht nur alle hineinpassen in den Stall und einen Platz auf den Schlafstangen finden, sie müssen auch ein paar Schritte laufen und – und das ist besonders wichtig – sich gemäß ihrer Rangfolge (Hackordnung) auch aus dem Weg gehen können.

Die Bauvorschriften beachten

Falls Sie einen Stall neu errichten möchten, sollten Sie sich beim Bauamt erkundigen, ob das Einholen einer Baugenehmigung oder zumindest das Anzeigen des Baus bei der Gemeinde vorgeschrieben ist.

Auch ein umgebauter Anhänger eignet sich als Stall.

Die Grundkriterien: trocken und hell

Die meisten denken, so ein Stall sollte unbedingt gut gedämmt werden, damit er im Winter kuschlig warm ist und die Hühner nicht frieren. Bedenken Sie Folgendes: Die Hühner haben ihren Daunenmantel immer dabei! Kälte ist nicht das Problem. Sondern Feuchtigkeit! Bei feuchtem Klima drohen Atemwegserkrankungen. Außerdem kann es bei der Kombination mit Kälte – wohlgemerkt Feuchtigkeit plus Kälte, nicht Kälte allein – zu Erfrierungen an großen Kämmen kommen. Auch eine Heizung brauchen die Tiere im Winter nicht.

Eine gut gemeinte dicke Stalldämmung ist manchmal kontraproduktiv, weil sie die Feuchtigkeit der Tiere (aus Kot und Atemluft) im Stall einschließt, sofern keine ausreichenden Lüftungsklappen vorhanden sind. Daher sollte das Augenmerk bei Selbstbauern und Umgestaltern darauf liegen, einen Stall so zu konstruieren, dass er möglichst trocken und nicht möglichst warm ist. Und auch bei gekauften Ställen sollte man diesen Punkt kritisch hinterfragen und wenn nötig mit zusätzlichen Lüftungsmöglichkeiten nachjustieren. Denn nicht immer haben Fertigställe eine wirklich gute Qualität.

Bewährt haben sich mehrere Lüftungsschlitze im Stall und zwar so platziert, dass ein guter Luftaustausch stattfinden kann, Zugluft aber ausgeschlossen ist. Erfahrene Hühnerhalter platzieren Lüftungsschlitze an zwei gegenüberliegenden Wänden, und zwar so, dass sie – um Zugluft zu vermeiden – im oberen Wandbereich, aber in unterschiedlicher Höhe liegen. Einströmende kalte Luft sinkt nach unten, erwärmt sich dort und nimmt Feuchtigkeit auf, steigt nach oben (warme Luft steigt nun mal nach oben …) und strömt dort wieder zum Stall hinaus. Die Schlitze sollten mit einem Schieber oder Ähnlichem versehen sein, damit man sie in bitterkalten Winternächten eventuell verschließen könnte.

Kleiner Stall, wenig Arbeit?

Bei einer kleineren Stallfläche geht das Ausmisten meist schneller und man benötigt weniger Einstreu. Jedoch gibt es für größere Ställe die schöne Methode der Tiefstreu (Seite 107), die die tägliche Arbeitszeit wiederum reduziert. Bedenken Sie unbedingt, dass der Stall so konzipiert sein sollte, dass Sie fürs Saubermachen gut in alle Ecken kommen. Das Hantieren ist in einem umfunktionierten Schuppen meist einfacher als in einem Minihäuschen in der Größe eines Schuhschranks. Tipp: Wenn Sie die Wahl haben – bauen Sie die Türöffnung so breit, dass eine Schubkarre hineinpasst.

Neben dem trockenen Klima ist Sonnenlicht im Stall wichtig. Daher sollte ein Stall ein möglichst großes Fenster besitzen. Sonnenlicht als „Gesundheitsvorsorge“ sollte nicht unterschätzt werden. Außerdem trägt es zum Wohlbefinden der Hühner bei.

Vor Raubfeinden geschützt

Der Stall muss vor dem Zugriff von Füchsen, Mardern, zunehmend auch von Waschbären gesichert werden. Diese Tiere sind schlau und kräftig, kleine Lücken in Gittern und Zäunen überwinden sie und verschaffen sich vor allem nachts Zutritt zum Stall. Und die Erfahrung zeigt leider: Es gibt selten Überlebende. Ein Minimum ist eine fest verschließbare Hühnerklappe, wenn der restliche Stall aus festen Wänden besteht. Denken Sie auch an die Schwachstelle Fußboden: Ist er nur aus Erde gestampft, kann sich ein Fuchs hineingraben – also völlig ungeeignet. Am sichersten und haltbarsten ist ein fester Betonboden. Eine Holzkonstruktion geht auch, muss aber häufig kontrolliert und bei Bedarf erneuert werden.

Optimal ist, wenn die Fensteröffnungen mit feinmaschigem Gitter (Maschenweite maximal 1 cm) geschützt werden. So kann man die Fensterflügel im Frühling aus- und im Herbst wieder einhängen. Die Hühner haben so über viele Monate viel frische Luft. Hat man keine vergitterten Fenster, müssen die Fenster über Nacht unbedingt geschlossen werden, auch auf Kipp gestellt ist kein Hindernis für Marder und Co. Die Lüftungsschlitze sollten ebenfalls vergittert sein, damit sich dort kein Räuber hineinzwängen kann.

Obwohl dies logisch sein sollte, dennoch der Hinweis: Auch die Hühner sollten selbstverständlich nicht ausbrechen können. Also schauen Sie sich den Stall einmal aus der Hühnerperspektive an. Gibt es Stellen, die ein findiges Hühnchen zum Ausbruchsversuch animieren könnte? Gekippte Fenster sind schon so manchem Federvieh zum Verhängnis geworden.

Der Weg nach draußen: der Ausschlupf

Die einfachste Art, den Hühnern Zugang zu ihrem Auslauf zu ermöglichen, ist die Eingangstür zu öffnen. Sie muss dann tagsüber offen bleiben, denn die Hühner müssen jederzeit die Möglichkeit haben, ihren Stall aufzusuchen. Das hat für Sie aber den Nachteil, dass Sie den Stall nur über den Auslauf betreten können. Viele Halter handhaben es so, dass die Eingangstür separat ist und sauberen Fußes erreicht werden kann. Die Hühner haben einen eigenen kleinen Zugang, den sogenannten Ausschlupf, oder salopp gesagt: ein Loch in der Wand. Falls Sie mit Tiefstreu arbeiten (Seite 107) sollte der Ausschlupf mindestens 20 cm über dem Stallbodenniveau liegen, damit die Einstreu nicht herausfallen kann. Wichtig ist, dass der Ausschlupf fest und sicher verschlossen werden kann, damit des Nachts keine Räuber in den Stall eindringen können.

Damit der Wind nicht in den Stall pfeift, können Sie vor dem Ausschlupf einen Windfang anbringen. Das ist eine Art Kasten mit seitlicher Öffnung. Durch diesen Windfang müssen die Hühner „um die Ecke" gehen, um hinein oder hinaus zu gelangen. Die Tiere haben schnell den Dreh raus.

Ausschlupf mit automatischer Tür.

Das wichtige Plus: ein Wintergarten

Der Name Wintergarten verwirrt etwas. Es ist kein Glasanbau, sondern eine Art Voliere, die dem Stall vorgelagert ist. Der ebenfalls verwendete Begriff Kaltscharrraum macht die Sache etwas plausibler.

Die Wände bestehen aus so kleinmaschigem Geflecht, dass keine Wildvögel hindurchschlüpfen können. Das Dach muss undurchlässig sein, sodass kein Wildvogelkot hineinfallen kann. Mit diesen Voraussetzungen dürfen die Hühner bei einer angeordneten Stallpflicht (bei Vogelgrippe-Warnung) in diesen Wintergarten gelassen werden, um darin wenigstens etwas Freigang und frische Luft zu genießen. Ein Wintergarten am Stall ist kein Muss bei der Hühnerhaltung, aber eine tolle Lösung für Extremsituationen wie die Stallpflicht, aber auch für Matschewetter-Tage oder während Aufräumaktionen im Auslauf, bei denen umherlaufende Hühner stören würden.

Die Freiheit ruft – raus aus dem Wintergarten in den Auslauf.

Die Einrichtung des Stalls

Es gehören ein paar grundlegende Dinge in den Stall: Einstreu, mindestens zwei Legenester, eine Sitzstange mit Kotbrett, eine Tränke für Wasser und ein oder mehrere Futterbehälter. Ansonsten gilt: je spartanischer, desto besser. So haben Ungeziefer und Schmutz wenig Chancen.

Je weniger Schnickschnack im Inneren des Stalls, desto schwerer findet Ungeziefer wie Milben und Federlinge Unterschlupfmöglichkeiten. Und umso einfacher lässt sich der Stall sauber halten. Damit sind nicht nur der Verzicht auf überflüssige Deko gemeint, sondern auch so wenige Ritzen wie möglich. Glatt verputzte Wände sind beispielsweise besser als Nut-und-Feder-Bretter. Warum? In jeder Ritze können sich potenziell kleine Tierchen verstecken. Gerade Rote Vogelmilben, weit verbreitete winzige Parasiten, ziehen sich tagsüber gern in Ritzen und Löcher zurück. Nachts kriechen sie hervor und saugen das Blut der Hühner.

Die Einstreu

Man unterscheidet zwischen der Einstreu auf dem Stallboden und der Einstreu im Legenest. Man nimmt dafür in der Regel verschiedene Materialien. Die Nesteinstreu behandeln wir im Abschnitt zum Legenest auf Seite 108.

Die Einstreu sorgt unter anderem für den Gemütlichkeitsfaktor.

Die Einstreu auf dem Stallboden dient dazu, die Hühnerhaufen aufzunehmen und daraus resultierende Feuchtigkeit zu binden, sie macht ein angenehm trockenes Stallklima, ist den Hühnern warm und angenehm unter den Füßen und – besonders wichtig – kann zum Scharren verwendet werden. Hühnern ist es ein angeborenes Bedürfnis, in lockerem Material kräftig zu scharren. Wenn sie dabei noch ab und zu ein Körnchen finden, sind sie im Hühnerglück.

Der Handel bietet verschiedene Einstreuprodukte für Hühnerställe an. Sägespäne nehmen gut die Feuchtigkeit auf und sind preisgünstig. Kaufen Sie wirklich nur zur Einstreu vorgesehene Sägespäne, denn die sind „staubfrei", so steht es auch auf dem Etikett. Sägespäne frisch aus dem Wald oder aus einer Sägemühle sind nicht geeignet; das darin enthaltene Sägemehl kann Atemwegsprobleme bei Ihren Hühnern hervorrufen. Weitere gute Materialien zum

Einstreuen sind Strohhäcksel, Rapsstroh- oder Hanfhäcksel. Sie sind meist etwas teurer als Sägespäne. Aber probieren Sie einfach aus, was Ihnen in der Handhabung gut gefällt. Auch Mischungen sind möglich.

Je nach Stall- und Auslaufgröße muss die Einstreu regelmäßig erneuert werden. Bei Kleinstställen kann es sein, dass man jede Woche die komplette Einstreu wechseln muss, bei größeren Ställen können die Intervalle größer sein. Einstreu mit Hühnerkot kann – zusammen mit anderen Gartenabfällen – kompostiert werden.

Die Tiefstreu-Methode

Haben Sie einen größeren Stall, im Sinne von einem kleinen, begehbaren Gebäude, können Sie auch die Tiefstreu-Methode anwenden. Tiefstreu bedeutet, eine ungefähr 20 Zentimeter hohe Schicht Einstreu auszustreuen, die sehr lang im Stall bleibt. In der Einstreu bildet sich ein für Ihren Stall einzigartiges Mikroklima, das zur Gesunderhaltung Ihrer Tiere beiträgt. Nur einmal im Jahr wird die gesamte Einstreu gewechselt. Heben Sie aber etwas von der alten Einstreu auf und geben Sie sie zur neuen hinzu. Das „impft" die jungfräuliche Einstreu mit den guten Mikroorganismen der alten Einstreu.

Übrigens, falls Sie Geruchsprobleme bei dieser Methode erwarten: Die Hühner koten viel in der Nacht. Da sitzen sie jedoch auf ihrer Stange und der Kot fällt auf das Kotbrett. Wenn Sie dieses jeden Tag säubern, wird es in Ihrem Stall nicht müffeln. Hühnerhaufen in der Einstreu sind selten der Ausgangspunkt für schlechte Luft. Und falls Sie doch einen frischen, großen Haufen entdecken, nehmen Sie ihn einfach im Zuge der Kotbrettreinigung mit auf – kein Problem.

Sitzstange und Kotbrett

Eine Sitzstange gehört in jeden Stall. Darauf sitzen die Hühner in der Nacht und schlafen. Die Sitzstange ahmt gewissermaßen den Baum nach, auf dem die Urahnen unserer Haushühner in luftiger Höhe, vor Fuchs und anderen Räubern sicher, die Nacht verbracht haben.

Als Sitzstange eignet sich eine rechteckige Dachlatte, Pi mal Daumen 5 Zentimeter breit – bei großen, schweren Hühnern breiter, bei Zwerghühnern schmaler.

Etwas komfortabler: der Kotbunker

Wenn Sie direkt über dem Kotbrett noch einen stabilen Holzrahmen befestigen, auf den Sie sogenanntes Kotgrubengeflecht (gibt es im Landhandel) getackert haben, nennt man das Kotbunker. Vorteil: Die Hühner können nicht im eigenen Kot herumlaufen. Der Rahmen muss zur Reinigung klappbar sein. Der Kotbunker müsste nicht unbedingt täglich gereinigt werden, geruchstechnisch ist es aber sicher kein Fehler.

Ein wenig Streu unter die Schlafstange geben und die Säuberung morgens ist blitzschnell erledigt.

Die Kanten sollten gebrochen und glatt gehobelt sein, die Aufhängung schnörkellos (zur Vermeidung von Ritzen als Unterschlupf für Parasiten). Je nach Größe der Hühner sollte die Stange mit einem Abstand von etwa 25 bis 30 Zentimetern zur Wand angebracht sein. Alle Hühner sollten darauf bequem nebeneinander Platz finden können.

Unter die Sitzstange kommt ein sogenanntes Kotbrett. Es ist genau das, wonach es sich anhört: ein breites Brett (oder eine Platte), die den Kot der Nacht auffängt. Bringen Sie das Kotbrett etwa 15 bis 20 Zentimeter unter der Sitzstange an. Wichtig ist eine möglichst glatte Oberfläche, wie sie zum Beispiel bei einer Siebdruckplatte aus dem Baumarkt gegeben ist. So lässt sich der Kot am Morgen leicht herunterschieben. Man sollte ihn gleich in einen Eimer und aus dem Stall hinaus befördern. Wird das Kotbrett dünn mit etwas Einstreu bestreut, geht das Abkehren des Kots sehr schnell.

Das Legenest

Hühner würden sich selbst einen geeigneten Platz zum Eierlegen suchen, vermutlich in der hintersten Ecke des Auslaufs, versteckt in Gebüsch und Gras. Aus Sicht des Huhns braucht eine Henne kein menschengemachtes Legenest. Aber weil wir nicht jeden Tag Ostern spielen wollen, ist so ein festes Legenest im Stall aus nachvollziehbaren Gründen eine lohnenswerte Einrichtung.

Sie können entweder im Landhandel fertige Legenester kaufen, sie sind meist aus Kunststoff. Oder selber welche zimmern, zum Beispiel einen Holzkasten von etwa 35 × 35 × 35 Zentimetern. Ob genau quadratisch oder rechteckig, ein paar Zentimeter größer oder kleiner spielen keine Rolle. Vielleicht finden Sie ja auch fertige Holzboxen im Baumarkt, die von der Größe in etwa passen. Vorteilhaft ist, wenn Sie im unteren Bereich ein etwa 10 Zentimeter hohes Brett vor die Öffnung schrauben, damit die Nesteinstreu nicht herausfällt. Bringen Sie es etwa 50 Zentimeter über dem Boden an der Wand an, und zwar in einer ruhigen, möglichst dunklen Stallecke.

Wichtig ist, immer mehrere Nester zu haben. Man rechnet ein Nest für fünf Hennen, jedoch mindestens zwei Nester. Also selbst wenn sie nur vier Hennen haben, sollten Sie ihnen zwei Nester anbieten, damit es nicht zum „Stau“ beim Eierlegen kommt.

Als Einstreu für die Nester – nicht zu verwechseln mit der Einstreu für den Stallboden (Seite 106) – eignet sich kurz geschnittenes Stroh sehr gut.

Tröge und Tränken

Hühner benötigen drei Arten von Gefäßen: Tränken für das Wasser, einen Futterautomaten für das Körnerfutter und einen Trog für Weichfutter. Als Trog können Sie einfache, standfeste und leicht zu reinigende Töpfe und Schüsseln nehmen. Bei den anderen beiden Gefäßen tut man sich mit Equipment aus dem Landhandel leichter als mit ausrangierten „Töppen“, auch wenn diese in früheren Zeiten auf den Bauernhöfen sicherlich zum Einsatz kamen.

Für Körnerfutter empfehlen sich sogenannte Futterautomaten. Auch wenn es so klingt, bei ihnen ist keine Technik verbaut und kein Stromanschluss nötig. Automatisch läuft da nur der Futternachschub. Ein Vorratsbehälter wird mit Futtermehl oder Pellets gefüllt und rieselt in eine Rinne. Haben die Hühner diese leer gefressen, rieselt automatisch Futter nach. So bleibt das Gros des Futters sauber, trocken und kann nicht in der Gegend umhergeschleudert werden.

Sehr gemütlich …

Für mehr Hygiene

Am besten ist, Sie haben die Tränken jeweils in doppelter Ausführung. So können Sie sie am besten täglich wechseln und die jeweils andere zum Trocknen in die Sonne stellen. So verhindert man die Entwicklung von Bakterien, das zwischenzeitliche Austrocknen lässt sie absterben.

Speziell für Hühner konzipierte Tränken haben den Vorteil, mit Wasser auf Vorrat befüllt zu werden. Besonders praktisch sind die sogenannten Stülptränken, die es in jedem Landhandel gibt. Das Wasser läuft in eine schmale Rinne und verhindert, dass das Wasserreservoir durch Einstreu oder Kot verschmutzt wird. Das Wasser läuft selbstständig nach, bis das Reservoir aufgebraucht ist. Das Wasser im Reservoir sollte jeden Tag erneuert werden.

Stülptränke mit Barneveldern.

Eine Schüssel als Tränke ist immer nur ein Notbehelf.

Stets gilt bei der Fütterung: Alle Tiere müssen gleichzeitig fressen können! Sonst trauen sich die rangniederen Hühner nicht heran und bekommen nichts oder nur die minderwertigen Futterbestandteile ab. Futter- und Wasserbehälter sollten erhöht aufgestellt werden, damit keine Einstreu in die Rinnen fallen kann. Futterautomaten kann man auch an einer langen Kette von der Stalldecke herabhängen lassen.

Weiterhin benötigt man noch einen Behälter für Grit, er wird an der Stallwand befestigt. Grit ist wichtig für die Verdauung der Hühner (Seite 119).

Sandkiste

Hühner nehmen zur Gefiederpflege und Gesunderhaltung ein Sandbad (mehr dazu auf Seite 115). Normalerweise „baden" sie im Auslauf in einer Sandkiste oder in einer selbst geschaffenen Kuhle im Boden. Bei lang anhaltendem Regenwetter oder in Zeiten von Stallpflicht ist es aber sehr nützlich, wenn es eine Sandbade-Kiste im Stall gibt.

Der Auslauf

Der Auslauf ist ein wichtiger Bestandteil des Hühnerlebens; ohne Auslauf funktioniert (artgerechte) Hühnerhaltung nicht. Hier verbringen die Tiere viele Stunden am Tag, also sollte er ihren Bedürfnissen gerecht werden. Vor allem die Deckung, das Gefühl von Schutz ist für das Fluchttier Huhn wichtig.

Hühner brauchen Sonnenlicht, sie brauchen die Bewegung an der frischen Luft, Erde und Steinchen für eine gesunde Verdauung und trockene Erde bzw. Sand zum Sandbaden. Und ein paar selbst gefangene Insekten oder Würmer sowie selbst gezupftes Gras und Kräuter sind auch nicht schlecht. Hinzu kommt ein weiterer wichtiger Punkt: Der Auslauf ist ein Abenteuerspielplatz für die Hühner und beugt Langeweile vor. Langeweile führt in vielen Fällen zu Unarten wie Federpicken (Seite 41) und anderen Varianten, die Artgenossen zu malträtieren. In einem abwechslungsreichen, großen Auslauf können die rangniederen Tiere den ranghöheren aus dem Weg gehen, ohne Spießruten laufen zu müssen. Und die Ranghöheren überlegen nur kurz, ob sie dem Schwächeren hinterjagen und sind dann auch gleich schon wieder durch andere spannende Entdeckungen abgelenkt.

Optimal: ein Wechselauslauf

Ganz großartig wäre, wenn man einen sogenannten Wechselauslauf etablieren können. Dabei handelt es sich um zwei abgezäunte Auslaufbereiche, die im Wechsel Besuch von den Hühnern bekommen. Während die Tiere ein paar Wochen auf der einen Fläche sind, kann sich die andere regenerieren und das Gras nachwachsen. Wechselausläufe machen aber nur Sinn, wenn die Einzelfläche dadurch nicht zu klein wird; sie muss dem „Druck" der Hühner über mehrere Wochen standhalten.

Je größer der Auslauf, umso besser. Wer den Tieren nur einen kleinen eigenen Bereich anbieten kann, sollte erstens überlegen, sich eine ruhige Rasse anzuschaffen, möglicherweise auch die Tierzahl zu reduzieren (es sollten aber immer mindestens vier Hühner sein, damit sie sich als Herde fühlen und ihr arteigenes Sozialverhalten ausleben können). Eine andere Möglichkeit ist, die Tiere zeitweise in den Garten zu lassen. Salatbeete und zartes Grün müssen aber geschützt werden, da haben Hühner keinerlei Hemmungen, sich draufzustürzen. Einiges wird beim Scharren auch als Kollateralschaden kaputt gehen. Wählen Sie eine Hühnerrasse mit Federn an den Füßen, dann reduziert sich das Problem des Scharrens etwas, denn durch die Befiederung können die Tiere weniger stark in den Boden hineinkratzen.

Sonne und Schatten, Gras und Büsche

Der perfekte Auslauf besitzt zum einen Bäume und Büsche, unter denen sich die Hühner verstecken, sich zurückziehen und Schatten suchen können. Die Urahnen der Haushühner, die Bankivahühner, kommen aus dem Dschungel und so sind unseren Hühnern waldähnliche Strukturen immer noch sehr sympathisch. Besitzt das für die Hühner vorgesehene Areal so etwas nicht, kann man für die Zukunft vorsorgen und zum Beispiel Johannisbeer- oder Jostabüsche (schnellwüchsig!) und weitere robuste, ungiftige Gehölze (Holunder, Kornelkirsche, Apfelbeere ...) pflanzen. Bis die groß genug sind, müssen Sie andere Strukturen schaffen, damit die Hühner das Gefühl von Schutz haben (und vor Greifvögel auch wahrhaftigen Schutz finden), das können dachähnliche Konstruktionen sein oder ein luftiges Tipi aus Ästen mit mehreren Eingängen – seien Sie kreativ.

Je größer der Auslauf, desto gesünder die Grasnarbe.

Die Grasfläche pflegen

Das Gras im Auslauf sollte regelmäßig gemäht werden. Dann bildet sich eine geschlossene Grasnarbe, die dem Scharren der Hühner besser standhält als schütterer Bewuchs. Außerdem picken die Tiere nur die zarten Grasspitzen ab. Und die bekommen sie bei kurzem Gras besser zu packen, bei langem Gras ist das fast unmöglich (langes Gras sollten Hühner nicht fressen, da es sich im Kropf verschlingen und zu Kropfverstopfungen führen könnte).

Der perfekte Auslauf hat zum anderen Grasflächen. Hühner lieben es, Grashalmspitzen abzupicken und nach Kräutern Ausschau zu halten. Das ist auch wichtig für die Gesundheitsvorsorge. Zudem verstecken sich oft Insekten oder kleine Schnecken im Gras. Würmer leben in solch einem naturnahen Stückchen Erde ebenso und wenn die Hühner sie scharrend zu Gesicht bekommen, sind auch sie eine beliebte Proteinmahlzeit.

Wichtig sind sowohl Sonnen- als auch Schattenplätze. Die Hühner müssen jederzeit zwischen diesen wählen können. Im Sommer suchen sie im Schatten Erholung, ist das Plätzchen versteckt und fühlen sich die Tiere sicher, dösen sie dort gar mit halb geschlossenen Augen vor sich hin. Aber auch die Sonne ist beliebt – und lebensnotwendig für ihren Vitaminhaushalt. Und wie schön es aussieht, wenn die Tiere sich in den ersten Frühlingssonnenstrahlen auf die Wiese fläzen, die Flügel vom Körper abspreizen, die Federn auffächern und Haut und Federn von der Sonne verwöhnen lassen. Einerseits ist es Genuss pur, andererseits trocknet die Sonne Parasiten an Haut und Federn aus. Aus demselben Grund nehmen Hühner auch ein Sandbad.

Büsche und Bäume sorgen für Struktur und Schatten.

Ein altes Spielhäuschen ist ein ideales Sandbad …

Das Sandbad

Hühner „baden“ in Sand und Staub, um lästige Parasiten aus dem Gefieder zu entfernen. Sind genügend Bäume, Sträucher oder andere vor Regen geschützte, sonnige Standorte im Auslauf vorhanden, legen sich die Hühner ihr Sandbad selbst an. Dazu lockern sie die Erde, formen leichte Kuhlen, legen sich genüsslich hinein und bepudern den gesamten Körper mit trockener feiner Erde. Sie sehen dann richtig angestaubt aus. Den Abschluss des Prozederes bildet kräftiges Schütteln, dass den Sand samt lästigem Viehzeug aus dem Gefieder katapultiert.

Sind die Gegebenheiten nicht optimal oder wollen Sie die Hühner möglichst von der Bepflanzung weglocken, weil Sie durch das Kuhlenkratzen Schäden an frisch Gepflanztem befürchten, können Sie versuchen, den Hühnern ein menschengemachtes Sandbad anzubieten. Stellen Sie unter einem Dach eine Kiste oder ein anderes großes, flaches Gefäß auf und füllen Sie es mit feinem, trockenem Sand. Sie können auch etwas Kieselgur zufügen, das tötet die Parasiten zusätzlich ab; das Naturprodukt beeinträchtigt die Hühner aber in keiner Weise.

Futter und Wasser im Auslauf?

Futtergefäße haben im Auslauf nichts zu suchen. Hier würden sich sonst Spatzen, Krähen und womöglich Ratten bedienen. Ob man im Auslauf eine Tränke aufstellt, sollte man anhand der Gegebenheiten vor Ort entscheiden. Kommen viele Wildvögel zum Trinken, könnte das ein Übertragungsort von Krankheiten, schlimmstenfalls der Vogelgrippe, werden – in diesem Fall das Wasser lieber nur im Stall aufstellen. Die Hühner lernen sehr schnell, wo ihr Wasser steht.

Hühner füttern

Hühner sind Hochleistungstiere! Wenn man bedenkt, wie viele Eier ein Wildvogel zur Fortpflanzung im Jahr legt – und wie viele Eier eine Haushenne produziert. Sie wurde von uns durch Züchtung in diese Lage gebracht, also müssen wir ihr auch die nötige Energie in Form von hochwertigem Futter liefern, damit sie das leisten kann.

Hühner sind Allesfresser: Verschiedene Getreidesorten, Gras und anderes Grünzeug, Gemüse und Obst, auch Tierisches, vor allem selbst gefangene Insekten und Würmer, in geringen Mengen auch Essensreste aus der Küche stehen auf ihrem Speiseplan.

Die Basis: das Körnerfutter

Handelsübliche Körnerfuttermischungen bilden das Hauptfutter der Hühner. Da Sie sicherlich Wert auf Eier legen, sollten Sie zu Legehennenfutter greifen – auch bei Zweinutzungs- und Fleischrassen. Es wird kein Unterschied zwischen Großrasse und Zwergrasse gemacht, was die Art des Futters angeht, nur die zu fütternde Menge unterscheidet sich. Es gibt übrigens auch Bio-Futter.

Mahlzeit!

An einfachsten ist, gerade für den Einsteiger, ein fertig gemischtes Legehennen-Alleinfutter zu kaufen. Hier bekommt das Huhn schon mal als Basis alles, was es braucht. Das heißt jedoch nicht, dass man auf einen grasbestandenen Auslauf und Zusatzgaben von Gemüse verzichten könnte.

Legehennen-Alleinfutter ist meist mit Soja hergestellt, plus Weizen und Mais sowie Vitamine und Mineralstoffe. Momentan sind kaum Alternativen zu Soja erhältlich, die einen ähnlich günstigen und ähnlich hohen Proteingehalt aufweisen. Es gibt auch Futtermischungen auf Erbsen-Basis, hier reicht der Proteingehalt für eine sehr gute Legeleistung aber meist nicht aus. Wer sich aus diesem Grund für Soja entscheidet, sollte auf gentechnikfreie Futtermischungen achten.

Alleinfutter ist in Form von Mehl oder Pellets erhältlich. Mehlfutter gibt es in unterschiedlichen Mahlgraden: von geschrotet und somit eher grob bis hin zu wirklich fast mehlfein. Besonders bei Letzterem können die Hühner kaum Futterbestandteile selektieren und die Futteraufnahme dauert ihre Zeit. Und das ist gut, denn die Tiere sind lang beschäftigt. Das beugt Langeweile vor. Und es entspricht auch ihrer Natur, eine lange Zeit des Tages mit der Futteraufnahme zu verbringen. Pelletfutter dagegen ist in Form gepresstes Futter, jedes Futterteilchen sieht gleich aus. Pluspunkt: Hier ist ein Selektieren unmöglich. Minuspunkt: Die Tiere sind schneller satt und müssen sich eine andere Beschäftigung suchen.

Wer sich schon gut mit der Hühnerfütterung auskennt und etwas Geld sparen möchte, kann auch eigene Futtermischungen zusammenstellen: aus reinem geschrotetem Getreide und einem Ergänzungsfutter für Legehennen.

Das Alleinfutter sollte den Hühnern ständig zur freien Verfügung angeboten werden, man sagt auch Standfutter dazu. Lassen Sie die Hühner aber ab und zu den Futterautomaten vollständig leer fressen, damit sich keine uralten Körnerreste ansammeln können.

Egal, ob Alleinfutter oder Eigenmischung, ob Futtermehl oder Pellets: Am Abend sollten Sie Ihren Hühnern zusätzlich eine Handvoll Getreide in die saubere Einstreu werfen. Es schläft sich besser mit gefülltem Kropf und die Hühner können noch einmal ihrer ureigenen Verhaltensweise ausgiebig nachgehen: dem Scharren nach Fressbarem. Nebenbei wird auch gleich die Einstreu gewendet und belüftet, was für das Mikroklima gut ist.

Ein aufgehängter Salatkopf ist nicht so einfach zu erwischen …

Täglich mit dabei: Grünfutter, Gemüse und Obst

Neben den Körnern spielt Grünzeug eine große Rolle bei der Geflügelernährung. Das fängt mit einem möglichst großen, grasbewachsenen Auslauf an. Optimal ist, wenn die Hühner ständig Grünes picken können. Besonders im Winter, aber auch bei langen Regenperioden ist das in der Praxis schwierig.

Um die Grünfutterversorgung zu unterstützen, sollten Sie Grünes aus dem Garten oder aus der Küche zufüttern. Das kann ein schlapper Salat sein, Topinambur- oder Sonnenblumenstängel mit Blättern, ausgewachsene Petersilie oder die klein gehackten Stängel von Kräutern, die Sie in der Küche verwenden. Ein ausgewachsener, schon etwas holziger Kohlrabi oder einfach mal zum Spaß zwischendurch ein paar Johannisbeeren (nur um zu genießen, wie sich die Hühner darüber freuen) ... es gibt tausend Möglichkeiten. Auch Beikräuter wie Giersch und Vogelmiere sind beliebt. Außerdem Putzreste aus der Küche wie Schalen und Kerngehäuse von Äpfeln und Birnen, Schalen von Möhren, Pastinaken und Co., Obst mit Druckstellen ... In geringen Mengen auch Essenreste, vorausgesetzt, sie sind nicht stark gewürzt, wie gekochte Kartoffeln, Nudeln oder Reis. Jedoch Achtung, es darf sehr viel, aber nicht alles verfüttert werden.

Das dürfen Hühner nicht fressen

- rohe Kartoffeln und rohe Kartoffelschalen
- Avocados
- Zitrusfrüchte
- Verdorbenes, Fauliges oder Schimmliges

Was ist Weichfutter?

Der Name ist Programm: Hierbei handelt es sich um eine selbst gemachte Futtermischung, deren Konsistenz weich, aber wohlgemerkt nicht flüssig oder suppig ist. Die Basis könnte beispielsweise etwas altbackenes, getrocknetes Brot sein, das über Nacht in Wasser eingeweicht und am nächsten Morgen gut ausgedrückt wird.

Ob hier wohl etwas Trinkbares drin ist?

Dieser „Brotteig" ist nun krümelig und kann mit geraspeltem Gemüse oder Obst, gehackten Kräutern und zum Beispiel einem Klecks Magerquark sowie etwas geschrotetem Getreide vermengt werden. Die Variationen beim Mischen sind vielfältig. Alles, was einzeln verfüttert werden kann, darf man auch mischen. Hühner haben keinen sehr ausgeprägten Geschmackssinn und daher muss man keine Angst haben, irgendeine Kombination könnte ihnen nicht schmecken. Diese Art der Futterzubereitung nennt man also Weichfutter oder auch Krümelfutter, was die Bandbreite der Konsistenzen sehr gut beschreibt.

Zwei Dinge gibt es bei der Verfütterung von Weichfutter zu beachten. Erstens Vorsicht bei der Verfütterung an barttragende Hühner wie Thüringer Barthühner oder Deutsche Lachshühner. Futterreste könnten im Bart hängen bleiben und andere Hühner zum Picken animieren. Diesen Rassen sollte man wenig oder kein Weichfutter füttern. Zweitens sollten Sie das Weichfutter in einem extra Trog anbieten. Alles, was die Tiere nach 30 Minuten nicht aufgefressen haben, werfen Sie weg – vor allem im Sommer. Schnell könnten Futterreste verderben und Magen-Darm-Probleme verursachen. Reinigen Sie den Trog anschließend gut und lassen ihn bis zur nächsten Mahlzeit trocknen.

Grit und Muschelkalk

Hühner haben keine Zähne. Sie zerkleinern die Getreidekörner und andere Futterkomponenten auf andere Weise: Sie schlucken das Futter zunächst im Ganzen bis in den Kropf, dort wird es vorgeweicht und gelangt dann über verschiedene weitere Stationen bis in den Muskelmagen. Im Muskelmagen zermahlen kleine Steinchen, sogenannte Magensteinchen, die Nahrung. Hühner müssen regelmäßig Magensteinchen zu sich nehmen, das heißt , entweder sie picken passende Steinchen im Auslauf oder sie nehmen welche in Form von Grit auf.

Für die Eierproduktion brauchen die Hühner viel Calcium. Wenn Sie ihnen handelsüblichen Muschelkalk jederzeit zur freien Verfügbarkeit anbieten, nehmen sie sich den Anteil, den sie benötigen. Grit und Muschelkalk gibt es im Landhandel.

Wasser

Sauberes Trinkwasser muss natürlich ständig zur Verfügung stehen! Erneuern Sie das Wasser täglich (dabei die Tränke reinigen), bei großer Hitze auch mehrmals täglich. Denn wenn das Wasser zu warm wird, trinken es die Hühner erstaunlicherweise nicht mehr gern. Im Winter dagegen darf das Wasser nicht einfrieren. Hühner sind nicht in der Lage, Eis aufzupicken. Die einfachste Möglichkeit der Abhilfe ist, öfter im Stall nachzusehen und bei Bedarf zugefrorenes Wasser auszutauschen. Wer tagsüber außer Haus ist und das nicht gewährleisten kann, kann einen elektrischen Tränkenwärmer aus dem Fachhandel anschaffen.

Rechte und Pflichten eines Hühnerhalters

Mal eben ein paar Hühner hinterm Haus einzäunen? Ganz so einfach ist es nicht. Es gibt ein paar offizielle Dinge, um die sich der Hühnerhalter kümmern muss. Aus der eigenen Erfahrung heraus können wir aber sagen, dass sich der Aufwand in Grenzen hält, hat man erstmal den Bogen raus.

Im ländlichen Raum sollte nichts gegen die Haltung von ein paar wenigen Hühnern sprechen; uns ist zumindest keine Gemeinde bekannt, die in ihrer Satzung die Hühnerhaltung per se verboten hätte. Jedoch gilt immer die Maßgabe, dass Anwohner nicht belästigt werden dürfen. Im Fall der Hühner könnten potenziell der Geruch und das Hahnenkrähen Sorgen auslösen. Mit Hygiene in Stall und Auslauf sollte sich Ersteres gut in den Griff kriegen lassen. Wegen Krähkonzerten allerdings wurde schon so manche nachbarschaftliche Freundschaft aufgekündigt. Da sollte man vor der Anschaffung des Hahns mit seinen Nachbarn sprechen oder – so schade es ist – erst einmal auf einen Hahn verzichten und mit einer anfänglich reinen Hennengruppe „die Lage peilen".

Müssen Sie einen Stall neu errichten, erkundigen Sie sich unbedingt vorab beim Bauamt Ihrer Gemeinde, ob Genehmigungen einzuholen sind.

Sind die Hühner da, sollte Ihre erste Amtshandlung sein, die Tiere beim Veterinäramt und eventuell bei der Tierseuchenkasse zu melden. Das ist vorgeschrieben. Das Anmeldeprozedere ist einfach, es kann online geschehen. Übrigens müssen alle Hühner angemeldet werdet, nicht nur Rassehühner, auch Wald-und-Wiesen-Mischlinge und auch, wenn Sie keine Ambitionen zu züchten haben. Die Anzahl der gehaltenen Hühner muss jedes Jahr einmal aktualisiert werden, die Online-Meldung dauert kaum zwei Minuten.

Egal, ob Sie Rassetiere oder bunte Mischungen halten, Sie sind verpflichtet, ein sogenanntes Bestandsbuch zu führen. Darin halten Sie fest, wann Sie wie viele Hühner von wem erhalten haben und wann wie viele durch Verkauf, Verschenken, Schlachten, Raubtierangriffe oder Tod „abgängig" sind. Eine bestimmte Form, wie Sie diese Aufzeichnungen führen, ist nicht vorgeschrieben.

Last but not least im Kanon der Pflichten schreibt der Gesetzgeber die regelmäßige Impfung gegen die Newcastle-Krankheit vor. Sie wird alle sechs Wochen über das Trinkwasser oder einmal jährlich per Spritze verabreicht. Sprechen Sie mit Ihrem Tierarzt oder Ihrem Kleintier- oder Geflügelzüchterverein, ob Sie sich bei deren Impfaktionen einklinken können. Dann wird das für Sie sehr viel günstiger.

Service

Die Autoren

Antje Krause
Antje Krause ist seit vielen Jahren als Autorin und Lektorin tätig. Sie ist Spiegel-Bestseller-Autorin und Hühnerhalterin aus Leidenschaft. Nördlich von Berlin lebt sie ihren Traum vom Landleben. Einblicke & Anregungen: Instagram: @gaertnern_und_gackern

Wilhelm Bauer
Wilhelm Bauer ist seit seiner Kindheit Rassegeflügelzüchter und in mehreren Funktionen im Bund Deutscher Rassegeflügelzüchter, u.a. als Preisrichtervorsitzender in Württemberg, tätig. Er ist Autor mehrerer Bücher zum Thema „Geflügel" sowie ständiger Mitarbeiter in allen deutschsprachigen Fachzeitschriften.
Von Antje Krause & Wilhelm Bauer sind außerdem im Verlag Eugen Ulmer erschienen:

Garten sucht Hühner.
Die besten Rassen für kleine Gärten.

Warum Hühner scharren, nicken & picken.
Alles über Verhalten, Gewohnheiten und Marotten.

Zu den Fotos
Wir zeigen manchmal auch die Zwerg-Rasse, damit der Leser eine möglichst große Bandbreite an Rassen sehen kann.

Interessante Internetseiten

Übergeordnete Institutionen
BDRG: Bund Deutscher Rassegeflügelzüchter, www.bdrg.de
BLE: Bundesanstalt für Landwirtschaft und Ernährung, www.ble.de
GEH: Gesellschaft zur Erhaltung alter und gefährdeter Haustierrassen e. V., Grundsätzliches zur Gefährdung von Nutztieren, auch Kurzporträts von Hühnerrassen, www.g-e-h.de
ProSpecieRara: Schweizerische Stiftung für kulturhistorische und genetische Vielfalt von Pflanzen und Tieren, www.prospecierara.ch
ARCHE Austria: Verein zur Erhaltung seltener Nutztierrassen, www.arche-austria.at
IEG: Initiative zur Erhaltung alter Geflügelrassen e. V., www.erhaltungszucht-gefluegel.de

Die Rassen: Sondervereine und andere Vereinigungen

Sondervereine sind unter dem Dach des BDRG organisiert. Die meisten Sondervereine betreuen sowohl die Groß- als auch (wenn vorhanden) die Zwergrasse. Sie sind verlässliche Anlaufstelle, wenn es um die Kontaktaufnahme zu Züchtenden geht. Auf den Seiten der Sondervereine werden auch die Rassestandards veröffentlicht.
Es gibt auch andere Zusammenschlüsse engagierter Züchterinnen und Züchter, die sich unabhängig vom BDRG mit bestimmten Hühnerrassen befassen.

Altsteirer: Sonderverein, betreut Altsteirer und Sulmtaler, www.sv-altsteirer-sulmtaler.de
Andalusier: Sonderverein, www.sv-andalusier.de
Augsburger: Sonderverein, www.sv-augsburger-huehner.jimdofree.com
Barnevelder: Sonderverein, wordpress.sv-barnevelder.de
Bergische Kräher: www.bergischekräher.de
Brakel: Sonderverein, www.brakelhuehner.de/svb
Deutsche Lachshühner: Sonderverein, www.sv-deutscher-lachshuhnzuechter.de
Deutsche Reichshühner: Sonderverein, www.sv-reichshuhn.de
Deutsche Sperber: Sonderverein, www.deutschesperber.de
Deutsche Wyandotten: Sondervereine für verschiedene Farbenschläge, gesäumte Wyandotten: www.sv-ges-wyandotten.de, seltenfarbige Wyandotten: www.sv-seltenfarbiger-wyandotten.de, gestreifte Wyandotten: www.sv-gestreifte-wyandotten.de, weiße Zwergwyandotten: www.zwerg-wyandotten.de, silberfarbig-gebänderte Zwerg-Wyandotten: www.sv-silberf-zw-wyandotten.de, braungebänderte, goldhalsige und silberhalsige Zwerg-Wyandotten: www.sv-braungeb-goldh-silberh-zwerg-wyandotten.de, birkenfarbige, weiß-schwarzcolumbia und gelb-schwarzcolumbia Zwerg-Wyandotten: www.sv-zw-wyandotten-bf-wsc.jimdofree.com, orangefarbig-gebänderte und orangehalsige Zwerg-Wyandotten: www.orange-zw-wyandotten.com
Hamburger: Sonderverein, www.sv-hamburger-huehner.chayns.net
Italiener: Sondervereine für verschiedene Farbenschläge, rebhuhnhalsige Italiener: www.sv-rebhuhnhalsige-italiener.de, seltenfarbige Italiener: www.seltenfarbige-italiener.de, gestreifte Italiener: www.sv-gestreifte-italiener.jimdofree.com, rosenkämmige Italiener: www.rosenkaemmige-italiener.de, Zwerg-Italiener aller Farbenschläge: www.sv-zwerg-italiener.de
Krüper: Sonderverein, www.krueperhuhn.de
Lakenfelder: Sonderverein, www.lakenfelder-sv.de
Mechelner: Sonderverein, www.sv-mechelner-huhn.de
Nackthalshühner: ohne eigene Homepage
Orpington: Sonderverein, www.sv-orpington.de
Ostfriesische Möwen: Sonderverein, www.sonderverein-ostfriesische-moewen.de
Plymouth Rocks: Sondervereine, ohne eigene Homepage, Zwerg-Plymouth-Rocks: www.zwerg-plymouth-rocks.de

Ramelsloher: www.ramelsloher-huhn.de
Rheinländer: Sonderverein, www.sv-rheinlaenderhuhn.jimdofree.com
Sundheimer: Sonderverein, www.sv-sundheimer-huhn.de
Thüringer Barthühner: Sonderverein, www.thueringer-barthuhn.de
Vorwerkhühner: Sonderverein, www.sv-vorwerk.de
Welsumer: Sonderverein, www.sv-welsumer.de
Westfälische Totleger: Sonderverein, www.sv-der-züchter-des-westfälischen-totlegerhuhnes.de

Informationen zu den Roten Listen

Liste alter einheimischer Geflügelrassen in Deutschland des BDRG: auch Gefährdungskategorien und Formel zur Berechnung der Gefährdungskennzahl: www.bdrg.de/tierschutz/alte-einheimischer-gefluegelrassen
Rote Liste der BLE: www.genres.de/fachportale/nutztiere/rote-liste-nutztierrassen
Rote Liste der GEH: auch Gefährdungskategorien und Formel zur Berechnung der Gefährdungskennzahl: www.g-e-h.de/index.php/rote-liste-menu/kriterien-rote-liste

Schöne Bücher zum Weiterlesen und Stöbern

Bauer, Wilhelm: Hühnerställe bauen, Verlag Eugen Ulmer, 2019.
So wollen Hühner wohnen: Alles Wissen rund um den Stallbau plus 10 Beispiele aus der Praxis.

Bauer, Wilhelm: Richtig gutes Hühnerfutter, Verlag Eugen Ulmer, 2022.
Ob Hühner, Enten, Gänse, Puten, Tauben, Wachteln: Alle freuen sich über gesundes, frisches und selbstgemischtes Power-Futter. Wie das geht, erfahren Sie hier.

Bauer, Yvonne und Wilhelm: Hühner, Enten, Gänse im Garten halten, Verlag Eugen Ulmer, 2022.
Alles Wissen zur Haltung von Hühnern, Enten, Gänsen und auch, wie gemischte Geflügelgruppen friedlich und artgerecht zusammenleben können.

Bauer, Yvonne und Wilhelm: Zwerghühner in meinem Garten, Verlag Eugen Ulmer, 2022.
Die Basics der Zwerghuhnhaltung – weil Zwerghühner einfach ideale Gartenbewohner sind: neugierig, gut gelaunt, farbenfroh, robust und langlebig.

Bauer, Yvonne und Wilhelm: Hühner. 500 Fragen, 500 Antworten, Verlag Eugen Ulmer, 2023.
Über 500 einfache und schwierige, bekannte und unbekannte, wichtige und witzige, aber auch kuriose Fragen und kurze, aber präzise Antworten zu allen Themen rund ums Huhn.

Krause, Antje & Bauer, Wilhelm: Garten sucht Hühner, Verlag Eugen Ulmer, 2018.
32 Porträts garten-geeigneter Rassen, damit Sie die für Ihren Garten passende Rasse finden.

Krause, Antje & Bauer, Wilhelm: Warum Hühner scharren, nicken & picken, Verlag Eugen Ulmer, 2021.
Warum tun unsere Hühner, was sie tun? Und warum tun sie oft nicht, was wir von ihnen wollen? Hühnerverhalten unter der Lupe: Mit viel Humor erklären die Autoren das, was Hühner den lieben langen Tag so tun.
Krause, Antje: 1 × hacken spart 2 × gießen, Verlag Eugen Ulmer, 2021.
Wasser und Energie sparen im Garten, das schont Umwelt und Geldbeutel.
Krause, Antje: Trick 17 – Garten & Balkon, Frechverlag, 2020.
Über 270 Tipps und Tricks für Garten und Balkon.
Krause, Antje: Die besten Hausmittel für Garten & Balkon, Frechverlag, 2021.
170 Tipps und Tricks für die Grün- und Pflanzenpflege.
Heidenreich, Wolfgang & Krause, Antje: Begrünen was geht, Verlag Eugen Ulmer, 2022.
Mehr Grün im urbanen Umfeld verschönert nicht nur, sondern verbessert das Mikroklima, spendet Schatten, schluckt Feinstaub und Lärm und fördert die tierische Artenvielfalt. Viele Projekte zum Nachmachen.
Peitz, Beate und Leopold / Bauer, Wilhelm: Hühner in meinem Garten, Verlag Eugen Ulmer, 2019.
Zwei in einem: Stallbau und Hühnerhaltung für den raschen Überblick.
Peitz, Beate und Leopold: Hühner halten, Verlag Eugen Ulmer, 2021
Standardwerk: Alles Wichtige rund um die Hühnerhaltung im kleinen Stil in einem Buch – für gesunde und glückliche Tiere.

Bildquellen

Das Titelfoto stammt von Maren Leuker. Die Fotos im Innenteil stammen von:
Maren Leuker: S. 4, 7, 8, 10, 13, 16, 19, 20, 32, 33, 44, 47 unten, 52, 54, 55 unten, 77, 78 oben, 89, 92, 100, 103, 105 (2), 106, 108, 109, 110, 111, 112, 114, 115, 116, 117, 118, 121
Martin Backert: S. 40, 41, 69, 87 oben
Alle anderen Fotos im Innenteil stammen von Yvonne Bauer.
Die Schmuckelemente Hühnerspuren auf dem Umschlag stammen von Wiktoria Matynia/Shutterstock.com.

Zum schnellen Nachschlagen

Impressum

Anmerkung zur Schreibweise (Gendering): Gendergerechtigkeit und Inklusion sind bei uns gelebte Praxis – bei der Auswahl unserer Themen, bei der Recherchearbeit, in der Gestaltung. Unsere Texte meinen alle. Damit unsere Inhalte jedoch gut lesbar bleiben, verzichten wir in diesem Werk auf die jeweilige Mehrfachnennung oder Anpassung der Schreibweise bestimmter Bezeichnungen an die weibliche, männliche oder diverse Form.

Bibliografische Information der Deutschen Nationalbibliothek
Die Deutsche Nationalbibliothek verzeichnet diese Publikation in der Deutschen Nationalbibliografie; detaillierte bibliografische Daten sind im Internet über http://dnb.d-nb.de abrufbar.

Wollgrasweg 41, 70599 Stuttgart (Hohenheim)
E-Mail: info@ulmer.de
Internet: www.ulmer.de
Projektleitung und Lektorat: Antje Munk
Herstellung: Judith Schumann
Umschlaggestaltung: siegel konzeption | gestaltung, Stuttgart
Satz: Gerhard Junker, www.redsign.de, Stuttgart
Reproduktion: time:ray, Jettingen
Druck und Bindung: Westermann Druck, Zwickau
Printed in Germany

ISBN 978-3-8186-2043-1

FSC
www.fsc.org
MIX
Papier | Fördert gute Waldnutzung
FSC® C110508